高等院校应用型本科规划教材

电路电子实验与 Multisim 仿真设计

主编　方奕乐
参编　屈　虹　万　利　张雪凌　刘亚丽

武汉理工大学出版社
·武汉·

图书在版编目（CIP）数据

电路电子实验与 Multisim 仿真设计/方奕乐主编．—武汉：武汉理工大学出版社，2024.1（2024．9 重印）

ISBN 978-7-5629-6996-9

Ⅰ．①电…　Ⅱ．①方…　Ⅲ．①电子电路-实验-高等学校-教材　②电子电路-电路设计-计算机辅助设计-应用软件-高等学校-教材　Ⅳ．①TN710-33　②TN702

中国国家版本馆 CIP 数据核字（2024）第 005708 号

项目负责人：王兆国　　责任编辑：王兆国

责 任 校 对：余士龙　　封面设计：许伶俐

出 版 发 行：武汉理工大学出版社

社　　址：武汉市洪山区珞狮路 122 号

邮　　编：430070

网　　址：http：//www. wutp. com. cn

经　　销：各地新华书店

印　　刷：湖北恒泰印务有限公司

开　　本：787 × 1092　1/16

印　　张：11

字　　数：282 千字

版　　次：2024 年 1 月第 1 版

印　　次：2024 年 9 月第 2 次印刷

定　　价：39. 80 元

凡购本书，如有缺页、倒页、脱页等印装质量问题，请向出版社发行部调换。

本社购书热线电话：（027）87384729　87523148　87664138

前　　言

《电路电子实验与 Multisim 仿真设计》是为适应应用型人才培养、落实强化工程实践训练要求而编写的实验教材，旨在帮助学生学习理论知识和运用理论知识处理实际问题，验证、消化和巩固基本理论，获得实验技能和科学研究方法，适用于电气、自动化、电子、信息类及部分非电类专业本专科电路、电子实验课程。

本书紧密结合“电路理论”“电子技术”等理论课程，科学有序地安排教学内容和教学进程，设置了多种实验类型，包括基础性实验、设计性实验及综合设计实验。基础性实验的主要目的是加深对理论知识的理解；设计性实验的主要目的是训练学生理论知识的应用能力，要求学生模仿设计；综合设计实验主要锻炼学生的综合设计能力，本书给出实验要求，学生据此设计电路，计算参数，设计实验步骤、数据表格，并列出相关的注意事项等。

本书包含电路与电子技术实验综述、实际操作实验、Multisim 14 软件基础、电路与电子虚拟仿真实验四大部分。电路实验须知内容包括：实验目的和实验要求、实验的步骤、实验中的几个问题等有关进入实验前所需要了解的基本知识。实际操作实验内容共 14 个，涉及基本电参数测量，元件伏安特性测试，叠加原理的验证，戴维南定理的验证，最大功率传输条件的研究，常用电子仪器的使用，RC 一阶电路的响应测试，交流电路等效参数的测定，日光灯电路功率因数提高方法的研究，RLC 串联谐振电路，三相电路的电压、电流的测量，直流稳压电源，晶体管共射极单管放大器，集成运算放大器基本应用。Multisim 14 软件基础内容包括：Multisim 14 的主界面及菜单，Multisim 14 的元件库与基本操作，Multisim 14 的虚拟仪器，共 3 个方面，对 Multisim 14 给出了详细的说明。电路与电子虚拟仿真实验内容包括：电压源与电流源外特性的研究及等效变换，叠加原理的验证，戴维南定理的验证，RLC 串联谐振电路的分析，RC 一阶电路的分析，交流参数测量的分析，三相电路电压、电流、功率的分析，三极管放大电路的分析，整流滤波稳压电路的分析等。

武昌首义学院方奕乐任本书主编，并负责全书的内容设计及统稿；屈虹、万利、张雪凌、刘亚丽任参编。本书的编写工作得到了武昌首义学院机电与自动化学院领导们的关心及实验中心同事们的大力支持，在此致以诚挚的谢意!

由于编者水平有限，时间仓促，书中不足之处在所难免，恳请使用本实验教材的教师和学生批评指正。

编　者

2023 年 5 月

目　　录

第 1 章　电路与电子技术实验综述

1.1　电路与电子技术实验的目的

电路与电子技术实验是为工科电类专业及部分非电类专业开设的一门重要的技术基础课，它直接面对生产技术实践的特性决定了这门实验课在整个教学过程中的特殊重要地位。在该课程的学习中，应注意掌握各类电路的基本原理、电路组成、电路的分析方法和知识应用，掌握基本元器件的原理和应用技术。通过实验，学生要掌握器件的性能及参数的检测方法、电路的检测方法与设计方法，了解各功能电路连接的相互影响。该实验课程的目的不仅在于验证某些电路的理论，更重要的是通过实验手段不断提高学生独立分析和解决实际问题的基本技能。本课程旨在培养学生以下能力：

(1)能够鉴别常用电子元器件，熟悉其性能及参数的检测方法。识别元器件的类型、型号、规格，并通过实验逐步学会设计电路时元器件的选择方法。

(2)掌握初步电路连接技能，如焊接技术电路连接、面包板上的电路搭建。电路连接的正确与否将直接影响电路的基本性能和运行的可靠性，因此需牢固掌握该基本技能。

(3)熟练掌握示波器、信号发生器、直流稳压电源、电工电子实验平台及万用表等常用电子仪器和测试设备的使用方法。学会根据不同电路特性或工程实际需要选择和使用仪器设备，以提高测量精度、减小测量误差，获得最佳的测量效果。

(4)掌握初步的测量系统设计技术。在电子电路设计与调试过程中，常常选择各种不同的仪器设备对电路参数进行测量，以判断电路是否按设计要求在正常状态工作，即能够根据电路参数特性，如电路的最高工作电压、最高频率、上下限截止频率、输入输出电阻、电路频率特性等，确定所采用的测量系统和测量方法

(5)能够对测量数据进行处理和误差分析。对测量数据进行计算并与理论值进行比较，进行误差分析，再根据实验要求或工程技术性能要求，对电路结构或元器件参数进行调整修正，以满足电路技术性能的需要。

(6)学会利用实验方法完成具体课题方案的确定，包括在图书馆或上网查阅资料进行电子电路的设计、测试仪器的选择、测试方案的优化，最后独立完成实验全过程，对实验数据、实验现象进行理论分析，得出完整可信的结论。

(7)培养学生撰写完整、规范的实验报告的能力。实验报告中包含实验目的、原理、

内容，实验现象，实验方法，注意事项，实验数据记录、数据处理、曲线画法、思考题、分析讨论与创新等。

(8)将实验课程与学生课外活动、竞赛创新有机结合起来。鼓励学生积极参与学科竞赛和创新活动，在实践中提高他们的电路设计能力、动手能力、工程实践应用能力和独立解决问题的能力，同时培养学生的创新意识和团队合作精神。

(9)培养学生严谨求实的工作作风和不畏艰难、勤奋创新的科学态度。

1.2 实验课教学的要求

为了达到上述实验教学的目的，切实提高学生的动手能力和工程实践应用能力，培养学生实事求是的科学作风，充分发挥学生的学习主动性和创造性，必须认真抓好实验教学的各个环节，具体有以下基本要求：

1.2.1 实验前的预习要求

(1)阅读实验指导书，明确实验的目的、任务与要求，了解完成实验的方法和步骤；并结合实验原理复习相关的理论知识，完成必要的理论估算；设计好实验数据的记录表格，认真思考并解答预习思考题。

(2)理解并牢记指导书中提出的注意事项，熟悉相关仪器仪表的性能和使用方法，拟定初步的测试方案。

(3)完成预习报告，报告中应有实验目的、所用仪器设备、实验原理、原理图、实验步骤及数据记录表格等几项内容。这几项在后续的实验报告中无须重复填写，课前交指导教师检查签字后才能进行实验。

1.2.2 实验过程中的要求

(1)学习并遵守实验室的规章制度和安全制度。学生提前十分钟进实验室对号入座，并签到。

(2)使用仪器设备前先了解其规格、量程和性能等，检查仪器、设备是否齐全、完好，如发现问题应及时报告老师处理，不得自行调换。

(3)实验主讲教师以口头、板书和密切对照实物的方式讲授本次实验的核心内容(如，线路板结构、仪器仪表使用要领、实验步骤和操作程序以及注意事项)。一般时间长度不超过 30 分钟，要求每个学生特别仔细地听取并记录。

(4)接线时应考虑仪器和设备安放的位置，要做到操作方便、读数方便、接线方便。接线时线路应尽量少，走线要清楚，以利于检查。确认接线无误时才允许接通电源或信号源。严禁带电操作，否则稍有疏忽就会损坏仪器和设备，也不利于人身安全。

(5)在实验进行过程中要胆大心细，一丝不苟。对实验中出现的现象和所得的数据应做好记录；随时分析、研究实验结果的合理性；如果发现异常现象，应及时查找原因；如遇到事故发生，应立即切断电源，并报告指导教师。

(6)实验内容全部完成后，原始数据经指导教师签字确认后才有效，以后不得再作任何更改。拆除实验线路前应先切断电源，拆完线后将仪器设备复归原位，清理好导线及桌面，经教师验收后才可离去。

1.2.3　实验报告要求

(1)写实验报告应采用学校统一的实验报告纸，实验报告抬头信息填写完整；画曲线、波形线采用坐标纸；实验报告应文理通顺、简明扼要、字迹端正、图表清晰、无涂改撕漏。

(2)数据处理过程完整清晰，保留小数点后两位有效数字。图形曲线绘制规范，坐标参数标注完整。

(3)实验报告应包括以下内容：

实验目的：填写实验的目的和意义。

实验仪器设备：填写实验实际使用的设备名称、型号和数量。

实验原理图：绘制实验原理电路图及实验线路图。

实验内容：填写必要的实验步骤、实验方法，列表记录实验数据，写出必要的数据处理过程及回答思考题。

总结：对实验现象、数据进行分析处理，得出结论。实验中若有故障发生，应分析故障的原因，简述排除故障的方法。回答问题，总结本次实验的心得体会并提出有关建议。

(4)交实验报告时应附上原始数据，如发现实验报告无指导教师的签字或擅自更改数据，则该实验报告按无效处理并不予评分。

1.3　实验室规则

1.3.1　爱护公物规则

(1)应按仪器仪表和电器设备的技术要求精心操作，严禁漫不经心地使实验器具受到挤压、折弯、冲击、振动，严禁反复磨损、随意拆卸及污染实验器具。

(2)严禁擅自动用本次实验使用器具之外的一切设备。

(3)对本次实验发放的元器件、材料或工具应精心使用，结束实验时应仔细清点，如数归还，严禁私自携出。

(4)实验中如发现仪器设备有异常或损坏，实验元件、材料和工具有遗失，应立即向指导教师申报并有义务提供笔录，然后备案存档。

(5)自觉强化“节约意识”，应千方百计地将实验所耗能源和材料降至最低水平。

1.3.2 安全规则

从安全角度来看，确定触电对人的安全条件，并不是以“安全电流”而是以“安全电压”来定义的。因为影响电流变化的因素很多，而电力系统的电压通常是恒定的。我国确定的安全电压范围是 36V、24V、12V。一般 36V 以下电压不会造成人员伤亡，故称 36V 为安全电压。

根据科学实验和事故分析得出不同数值的电流对人体危害的特征，确定 50～60Hz 的交流电 10mA 和直流电 50mA 为人体安全电流。也就是说，人体通过电流小于安全电流时是安全的。

在心脏搏动周期中，有约 0.1s 的特定相位对电流最敏感，通电时间越长，与该特定相位重合的可能性就越大，引起心室颤动的可能性也越大，对人体的伤害也就越大。

通过上述介绍，可以明确：在实验环境下，如果触摸电压高于 40V 以上的带电物，均可能发生危险。还可以明确：为了防止触电，一是应对可能发生电弧的部位保持恰当距离；二是在任何情况下都要保证自己的身体绝对不构成电流的通路（如脚踏良好绝缘物，不用双手触摸通电裸导体等）。

为加强安全管理，制定如下规则：

(1)实验线路的搭接、改装或拆除，均应在可靠断电的条件下进行。

(2)接通电源前做到“四查而后插”。

任何新的或搬运过的以及自己不了解的用电设备，不可冒失地拿起插头就在电源上通电，要记住“四查而后插”。四查为：

一查电源线有无破损；

二查插头有无外漏或内部松动；

三查电源线插头两极有无短路，同外壳（如果设备是金属外壳）有无通路；

四查设备所需的电压值是否与供电电压相符。

在电路通电情况下，人体严禁接触电路中不绝缘的金属导线和连接点带电部位，以免触电。万一发生触电事故，应立即切断电源，保证人身安全。

(3)实验中，特别是设备刚投入运行时，要随时注意仪器设备的运行情况。如发现有超量程、过热、异味、冒烟、火花等，应立即断电，并请指导教师检查。

(4)了解有关电器设备的规格、性能及使用方法，严格按要求操作，注意仪器仪表的种类、量程和接线方法，保证设备安全。

(5)实验时应精力集中，衣服、头发等不要接触电动机及其他可动电器设备，以免发生事故。

(6)严禁到其他组任意取用物件或乱说乱动。

(7)实验结束整理时,首先要先关闭一切设备的电源开关。在整理过程中,应精心处置实验所用的一切导体,以免给下一班实验留下隐患。

1.3.3　卫生规则

(1)实验室内自觉保持卫生整洁,个人用品应合理放置,实验台上的灰尘杂物应随时主动清除,严禁乱扔杂物、随地吐痰、抽烟和吃零食。

(2)实验结束后,应认真做好整理。要将仪器设备、实验材料与工具、坐凳等整齐地归回原位。

(3)每次做实验的学生均有清扫教室的劳动义务,参加实验的班级均有课余时间参加实验室大扫除的义务。

1.4　测量误差及数据记录

实验中,由于仪器的精度、测量方法、测量环境等因素的影响,测量值与真值之间总是存在一定的差别,这个差别即为测量误差。测量误差的表示方法一般有如下三种:

1.4.1　绝对误差

假设被测量的真值为 x_0,测量值为 x,则绝对误差为 $\Delta x = x - x_0$,即绝对误差为测量值与真值之间的差值。从上式可看出,绝对误差的单位与被测量的单位相同,且数值有正有负。由于条件限制,真值只能客观存在,无法得到,故用精度更高一级的标准仪器的测量值或者理论值来代替真值。

1.4.2　相对误差

由于绝对误差只能给出测量值与真值之间的差值,不能反映测量值的准确度。例如,在测 1V 的电压时,绝对误差为 0.1V;在测 5V 的电压时,绝对误差为 0.5V。后者的绝对误差大于前者,但不能说明前者的测量结果比后者的准确度高。而相对误差却能比较测量结果的准确度,相对误差为绝对误差 Δx 与被测量真值 x_0 的比值,并以百分数表示,即:$\delta = (\Delta x / x_0) \times 100\%$。实验中,常采用相对误差对误差进行分析。

1.4.3　满度误差

满度误差又称引用误差、最大误差、容许误差,为绝对误差 Δx 与仪表的量程 x_m 之比,并以百分数表示,即:

$$\delta_m = (\Delta x / x_m) \times 100\%。$$

满度误差是衡量仪表测量准确度的标志,仪表的精度等级就是由满度误差来标明的。我国电工仪表按满度误差共分为七级:0.1、0.2、0.5、1.0、1.5、2.5、5.0。如某仪表在规定的条件下,精度等级为五级,则其满度误差为±1.5%,则其测量值的最大绝对误差为最大量程的±1.5%。如用五级电流表测量 10mA 的电流,当选择 20mA 的量程

时，测量产生的最大绝对误差为

$$\Delta I_m = 20 \times (\pm 1.5\%) = \pm 0.3\text{mA}$$

最大相对误差

$$\delta = (\pm 0.3/10) \times 100\% = \pm 3\%$$

当选择 200mA 的量程时，测量产生的最大绝对误差为

$$\Delta I_m = 200 \times (\pm 1.5\%) = \pm 3\text{mA}$$

最大相对误差

$$\delta = (\pm 3/10) \times 100\% = \pm 30\%$$

显然，在不超过量程的条件下，选择的量程越小，测量精度越高，因此，选择测量量程时，尽量使测量值超过量程的 2/3 以上，测量才能更准确。

实验中为减小测量误差，对同一组数据的测量应采用相同的仪表，有些电源自身带有电压表或者电流表，这些仪表的显示值只能作为参考，需用与实验中测量同类数据的仪表测量；另外对仪表的连接位置及放置方式(卧式和立式)也应考虑。

实验中记录数据和处理数据时应注意以下几点：

①测量数据除末尾数字是估读数字外，其他位数应为确定值，即保留一位欠准数字。

②采用仪表的同一量程测量时，小数点后的有效位数相同。有时测量数据为整数，例如测得电压值为 6.0V，0 不能省略，此时的有效位数为 2。

③遇到较大数值和较小数值时，应采用 10 的幂次方记数，如 640000，要求小数点后保留一位数字，则应记为 6.4×10^5；如 0.00357A，小数点后保留两位数字，应记为 3.57×10^{-3}A 或者 3.57mA。

④当有效位数确定后，需根据数据的舍入原则统一有效位数，现在比较科学的计数保留法为“四舍六入五成双”即“小于五舍去，大于五进一，等于五时取偶数”。等于 5 时，前一位为偶数时，则不变；前一位为奇数时，则加 1；如 9.45，取两位有效数字则记为 9.4；如 9.35，则应记为 9.4。

⑤作加减运算时，结果所保留小数点后的位数应与各数中小数点后位数最少的相同。

⑥作乘法运算时，结果保留的有效位数应以各数中有效位数最少的为准。

⑦表示误差时，一般取两位有效数字，如 3.5%。

第 2 章　实际操作实验

2.1　基本电参数测量

2.1.1　实验目的

(1)学习手持直流电源和万用表的使用方法,掌握量程选择和正确读数的方法。

(2)学习电流、电压和电位的测量及误差分析。

(3)验证电位的相对性、电压的绝对性原理。

(4)验证基尔霍夫定律。

(5)学习如何正确连接电路和排除故障。

2.1.2　实验原理

本实验主要是认知实验,不仅需了解基本知识,学会万用表和直流电源的使用,还需了解实验台的配置及插件式模块结构。

2.1.2.1　万用表的使用

(1)万用表的介绍

万用表是一种多用途、广量程和使用方便的测量仪表,是电工电子测量技术中最常用的测量工具。它可以用来测量交流电压、直流电压、直流电流、电阻、三极管直流放大倍数等主要参数。万用表是电气工程技术人员和无线电通信人员在进行测试和维修等工作中的必备仪表,外形如图 2.1-1 所示。

图 2.1-1　手持万用表

万用表的测量项目，即各挡位所对应的测量参数，一般用字母与符号表示。万用表常用项目显示及其含义见表 2.1-1。

表 2.1-1 万用表常用项目显示及意义

字母与符号	意义	备注	字母与符号	意义	备注
ACA	交流电流挡	用 A～表示	Cx	待测电容插孔	—
DCA	直流电流挡	用 A—表示	hFE	三极管放大倍数测量挡	用 β 表示
DCV	直流电压挡	用 V—表示	Hz	频率挡	—
ACV	交流电压挡	用 V～表示	com	公共端	黑表笔插孔
Ω	电阻挡	—	—▷|— •)))	二极管测量、通断测量挡	测量电阻小于 20Ω 蜂鸣器响

在使用万用表前，首先将红表笔插头插入“＋”或相应的插孔，黑表笔插入“－”或“com”插孔。测量时要用右手像拿筷子一样握住两支表笔，手指不能触及表笔的金属部分和被测元器件，如图 2.1-2 所示。当能够熟练使用万用表后，就要逐渐养成单手操作的习惯，因为如果是双手操作，一旦触及带电部分，就会在两手指间形成电压而产生电流，使人触电。

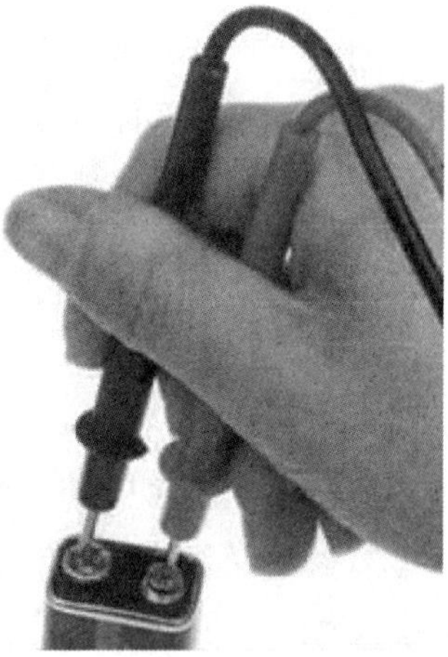

图 2.1-2 握拿万用表表笔的方法

(2)万用表的使用

①交、直流电压的测量：将万用表的红表笔插入 VΩ 端，黑表笔插入 com 端，根据需要测量的项目类型选择好挡位，并联负载，读出表上的数据。需要注意的是，如果显示为“1.”，如图 2.1-3 所示，表示量程太小，要加大量程后再测量；如果数据的左侧出现“－”，说明表笔极性与电源极性相反。

②交、直流电流的测量：将红表笔插入 mA 或 20A 的端口，黑表笔插入 com 端，如图 2.1-4 所示。选择适合的量程，断开被测线路，将数字万用表串联至被测线路中。注意：

测量完成后将红表笔插回 VΩ 端口；另外使用 20A 的量程测量时，由于没有保险丝的保护，测量时间不能超过 15s。

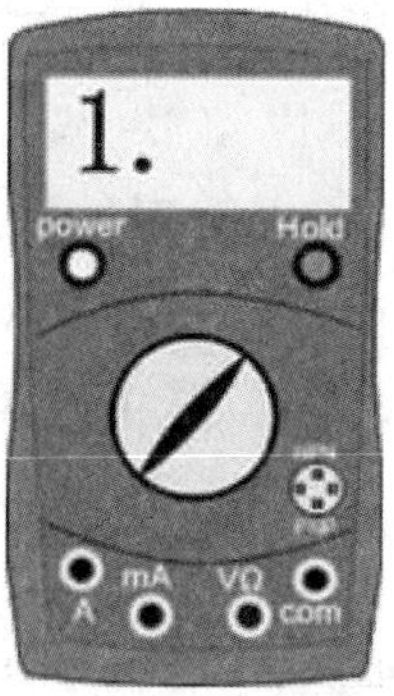

图 2.1-3　超出量程显示

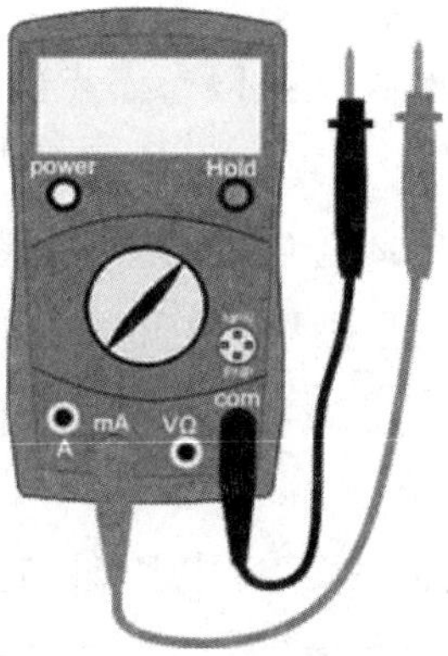

图 2.1-4　测试电流表笔插孔位置

③电阻的测量：将万用表的红表笔插入 VΩ 端，黑表笔插入 com 端，将功能选择开关置于 Ω 挡进行测试。此时读数需注意：在“200”挡单位是“Ω”，在“2 k～200 k”挡单位是“kΩ”，在“2 M～2000 M”挡单位是“MΩ”。

④二极管测量：将挡位置于有“—▷|—”符号的位置上进行测试。这里正向测试二极管显示的是二极管的正向压降，反向则显示“1.”。

⑤三极管测量：将挡位放在 hFE 挡，根据类型插入 PNP 和 NPN 的插孔，测试放大倍数 β 值。

⑥电容测量：测量之前先将电容短接放电，以确保万用表的使用安全，将挡位置于 F 挡，再将电容引脚插入电容插孔测试电容值。

(3)数字万用表使用注意事项

①如果无法预先估计被测电压或电流的大小，则应先拨至最高量程挡测量一次，再视情况逐渐将量程减小到合适位置。测量完毕，应将量程开关拨到最高电压挡，并关闭电源。

②满量程时，仪表仅在最高位显示数字“1”，其他位均消失，这时应选择更高的量程。测量电压时，应将数字万用表与被测电路并联。测电流时应与被测电路串联，测直流量时不必考虑正、负极性。

③当误用交流电压挡测量直流电压，或者误用直流电压挡测量交流电压时，显示屏将显示“000”，或低位上的数字出现跳动。

④禁止在测量高电压(220V 以上)或大电流(0.5A 以上)时转换量程，以防止产生电弧，烧毁开关触点。

⑤当万用表的电池电量即将耗尽时，液晶显示器左上角会出现电池符号，提示电池电量低。若电量不足时仍进行测量，测量值会比实际值偏高。

2.1.2.2 电压、电位的测量

电路中电位的高低是以参考点的电位进行比较的，我们通常取参考点的电位为“零电位”。如果电路中某点的电位比参考点电位高，则该点电位为正；反之，该点电位为负。

在一个确定的闭合电路中，电位参考点可任意选取，各点的电位值随参考点的不同而改变，但电路中任意两点之间的电位差是不变的。即电位是一个相对量，而电压是一个绝对量。电位与电压之间的换算关系如下：$U_{AB}=\Phi_A-\Phi_B$，其中 Φ_A 和 Φ_B 是电路中 A 点和 B 点的电位。

采用万用表测量直流电压时，首先让红黑两支表笔的插头端分别插入万用表的“VΩ”插孔和“com”插孔，再将功能选择开关的箭头置于直流电压挡（根据估计电压大小选择合适的量程），表笔金属端与被测电压两端并联，读取数据即为所测电压值。

注意：

（1）测量电源电压时，红色表笔接电源正极，黑色表笔接电源负极。

（2）测量电位时，黑色表笔接参考电位点，红色表笔接被测各点。

（3）测量电路元件两端电压时，按照电压的参考方向，红色表笔接高电位插孔，黑色表笔接低电位插孔。若万用表显示负值，则表示实际电压方向与参考方向相反，记入数据时保留负号。

2.1.2.3 电流测量

测量电流时，需要将电流表串联于所需测量的支路中。实验中采用“电流插头”如图 2.1-5 所示结合“电流插座”（又叫“直流电流检测孔”）测量电流，如图 2.1-6 所示。测量电流时，首先将电流插头与实验台中表相接，要求将电流插头的红色导线与电流表正极端相接，黑色导线与电流表负极端相接，再将电流插头插入串联在测量支路中的电流插座（即间接将电流表串联于电路中），读取数据即为所测电流值。

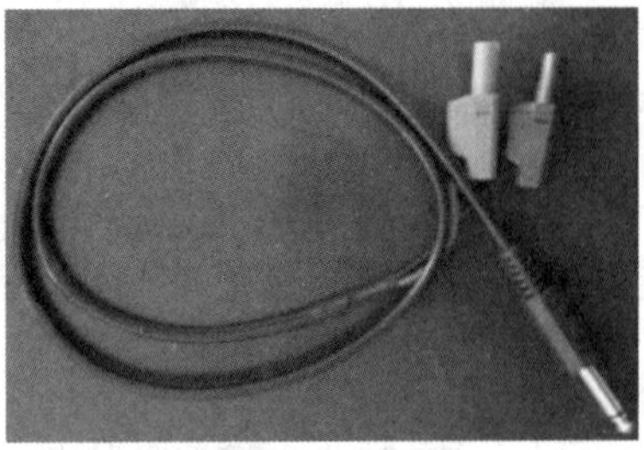

图 2.1-5 电流插头

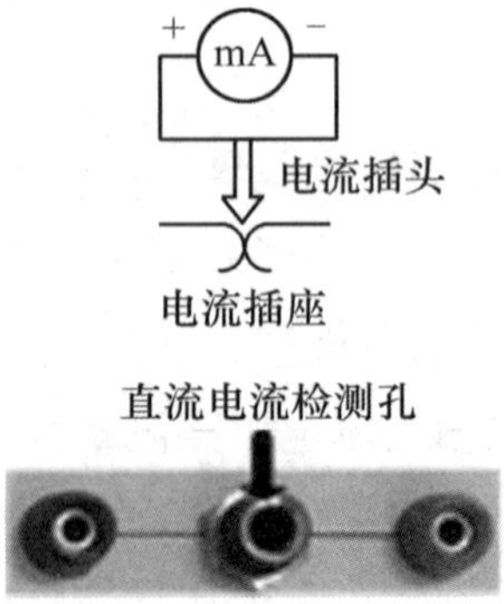

图 2.1-6 电流插头及电流检测孔

2.1.2.4　基尔霍夫定律

基尔霍夫定律是电路的基本定律。测量某电路的各支路电流及每个元件两端的电压，应能分别满足基尔霍夫电流定律(KCL)和电压定律(KVL)。即对电路中的任一个节点而言，在设定电流参考方向下，应有$\sum I=0$。对任何一个闭合回路而言，在设定电压的参考方向下，绕行一周，应有$\sum U=0$，一般电压方向与绕行方向一致的电压取正号，电压方向与绕行方向相反的电压取负号。

在实验前，须设定电路中所有电流、电压的参考方向。

2.1.2.5　故障处理

在实验过程中，可能会出现导线内部焊点断开、元件损坏，严重时会有异味、冒烟等情况，一般处理步骤如下：

(1)关闭电源，检查线路是否正确，连接点是否可靠。

(2)检查电源值。

(3)根据故障现象和所学的理论知识，确定故障发生位置。

(4)用万用表对疑似故障导线或元件单独检测，如可用蜂鸣测量挡位检测导线的通断。

(5)接通电源，用万用表电压挡依次测量电压，逐步缩小故障发生范围。

(6)问题解决后，方可进行实验。当无法解决问题时，需咨询指导教师。

2.1.3　预习要求

(1)预习电压、电流的测量方法。

(2)根据图 2.1 7 的电路参数，计算出待测的电流 I_1、I_2、I_3 和各电阻上的电压值，记入表 2.1-2 中，以便实验测量时，可正确地选定毫安表和电压表的量程。

2.1.4　实验内容

2.1.4.1　电压、电位的测量

实验电路如图 2.1-7 所示，图中的电源 U_{S1} 用恒压源Ⅰ路 0～+30V 可调电源输出端，并将输出电压调到+6V，U_{S2} 用恒压源Ⅱ路 0～+30 V 可调电源输出端，并将输出电压调到+12 V。

(1)电位的测量

以图 2.1-7 中的 A 点作为电位参考点，分别测量 B、C、D、E、F 各点的电位。用电压表的黑笔端插入 A 点，红笔端分别插入 B、C、D、E、F 各点进行测量，数据记入表 2.1-2 中。以 D 点作为电位参考点，重复上述步骤，测得数据记入表 2.1-2 中。

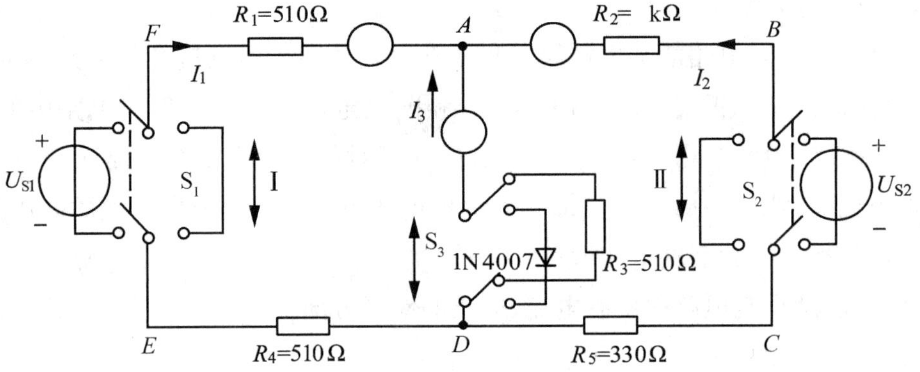

图 2.1-7 电路中电位、电压测量实验电路图

(2)电压测量

在图 2.1-7 中，测量电压 U_{AB}：将电压表的红笔端插入 A 点，黑笔端插入 B 点，读电压表读数，记入表 2.1-2 中。按同样方法测量 U_{BC}、U_{CD}、U_{DE}、U_{EF} 及 U_{FA}，测量数据记入表 2.1-2 中。

表 2.1-2 电路中各点电位和电压数据 (单位:V)

电位参考点	V_A	V_B	V_C	V_D	V_E	V_F	U_{AB}	U_{BC}	U_{CD}	U_{DE}	U_{EF}	U_{FA}
A	0											
D				0								

2.1.4.2 基尔霍夫定律的验证

实验电路如图 2.1-7 所示，图中的电源 U_{S1} 用恒压源 I 路 0～+30V 可调电源输出端，并将输出电压调到+6V，U_{S2} 用恒压源 II 路 0～+30V 可调电源输出端，并将输出电压调到+12V。开关 S_1 投向 U_{S1} 侧，开关 S_2 投向 U_{S2} 侧，开关 S_3 投向 R_3 侧。

实验前先设定三条支路的电流参考方向，如图中的 I_1、I_2、I_3 所示，并熟悉线路结构，掌握各开关的操作使用方法。

(1)测量支路电流

熟悉电流插头的结构，将电流插头的红接线端插入数字电流表的红(正)接线端，电流插头的黑接线端插入数字电流表的黑(负)接线端。

将电流插头分别插入三条支路的三个电流插座中，读出各个电流值。按规定：在节点 A，电流表读数为“+”表示电流流入节点，读数为“−”表示电流流出节点，然后根据图 2.1-7 中的电流参考方向，确定各支路电流的正、负号，并记入表 2.1-3 中。

表 2.1-3　支路电流数据

支路电流/mA	I_1	I_2	I_3
计算值			
测量值			
相对误差			

(2)测量支路电压

用直流数字电压表分别测量两个电源及电阻元件上的电压值，将数据记入表 2.1-4 中。测量时电压表的红(正)接线端应插入被测电压参考方向的高电位端，黑(负)接线端插入被测电压参考方向的低电位端。

表 2.1-4　支路电压数据

各元件电压/V	U_{S1}	U_{S2}	U_{R1}	U_{R2}	U_{R3}	U_{R4}	U_{R5}
计算值/V							
测量值/V							
相对误差							

2.1.5　实验报告要求

(1)根据电路参数计算出各点电位和相邻两点之间的电压值，与实验数据相比较，对误差作必要的分析。

(2)根据实验数据，选定实验电路中的任一个节点，验证基尔霍夫电流定律(KCL)的正确性。

(3)根据实验数据，选定实验电路中的任一个闭合回路，验证基尔霍夫电压定律(KVL)的正确性。

(4)列出求解电压 U_{EA} 和 U_{CA} 的方程，并根据实验数据求出它们的数值。

(5)写出实验中检查、分析电路故障的方法，总结查找故障的体会。

2.1.6　思考题

(1)电位参考点不同，各点电位是否相同？任意两点的电压是否相同？为什么？在测量电位、电压时，为何数据前会出现±号，它们各表示什么意义？

(2)在图 2.1-7 的电路中，A、D 两节点的电流方程是否相同？为什么？

(3)根据图 2.1-7 的电路可以列几个电压方程？它们与绕行方向有无关系？

2.1.7 实验仪器和器材

(1)恒压源(双路 0～30V 可调)；

(2)恒流源(0～200mA 可调)；

(3)直流数字电压表、直流数字电流表；

(4)EEL-53 组件。

2.2　元件伏安特性测试

2.2.1　实验目的

(1)掌握电阻元件和有源元件的伏安特性及其测量方法。

(2)熟悉直流电压表、电流表和直流稳压电源的使用。

(3)学习元件特性曲线的绘制方法。

2.2.2　实验原理

电路元件的电气性能通常用其端口特性来描述。端口特性,也称伏安特性,是指元件的两端电压 u 与通过该元件的电流 i 之间的函数关系 $u=f(i)$ 来表示。通常用 u-i 平面上的一条曲线来表征,这条曲线称为该电阻元件的伏安特性曲线。由测得的伏安特性可以直观地了解该元件的性质,这种通过测量得到元件伏安特性的方法称为伏安测量法(简称伏安法)。伏安法由电压表和电流表测定,操作简便、原理简单,被广泛使用。下面介绍几种实验中常用的电路元件的伏安特性。

2.2.2.1　电阻元件的伏安特性

根据伏安特性的不同,电阻元件分两大类:线性电阻和非线性电阻。

(1)线性电阻的伏安特性

线性电阻元件是电路中最基本的元件之一,主要作用是调节电路中的电压与电流,达到分压或分流的功能。线性电阻元件的伏安特性符合欧姆定律,即两端电压与通过的电流成正比。在 u-i 平面上,是一条通过坐标原点的直线,如图 2.2-1(a)所示,该直线的斜率只由电阻元件的电阻值 R 决定,其阻值为常数,与元件两端的电压 u 和通过该元件的电流 i 无关。

(2)非线性电阻元件的伏安特性

白炽灯灯丝是一种非线性电阻元件,在工作时灯丝处于高温状态,其灯丝电阻随着温度升高而增大。通过白炽灯的电流越大,其温度越高,阻值也越大,一般灯泡的“冷电阻”与“热电阻”的阻值可相差几倍至几十倍,其伏安特性见图 2.2-1(b)。

半导体二极管也是一种非线性电阻元件,其伏安特性如图 2.2-1(c)所示。二极管正向压降很小(一般锗管为 0.2～0.3V,硅管为 0.5～0.7V),正向电压刚开始增加时,其正向电流增加很小,随正向压降的升高而急剧上升;而反向电压则从零一直增加到十几至几十伏使其反向电流增加很小，可视为零。可见，二极管具有单向导电性，但反向电压加得过高，超过二极管的极限值，则会导致二极管击穿损坏。

稳压二极管是一种特殊的半导体二极管，其正向特性与普通二极管类似，但反向特性特别，其特性如图 2.2-1(d)所示曲线。在反向电压开始增加时，其反向电流几乎为零，但当反向电压增加到某一数值时(称为稳压二极管的稳压值)，电流将突然增加，两端电压维持不变，不再随外加的反向电压升高而增大。

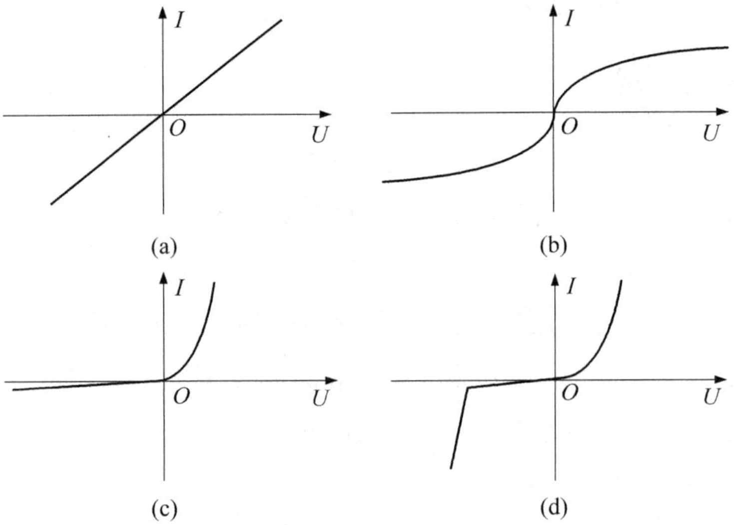

图 2.2-1　不同元件的伏安特性曲线

(a)线性电阻；(b)白炽灯丝；(c)半导体二极管；(d)稳压二极管

2.2.2.2　电压源和电流源的外特性

(1)理想电压源与实际电压源

电压源具有端电压保持恒定不变，而输出电流的大小由负载决定的特性。电压源分为理想电压源与实际电压源。理想电压源的输出电压为恒定值，不随外界负载大小的变化而变化。理想电压源的电路模型及其伏安特性曲线如图 2.2-2 所示，其外特性是平行于电流轴的一条直线。

实际电压源可以用一个内阻 R_S 和电压源 U_S 串联表示，负载阻值越大，电压源的输出电压越高，当负载的阻值达到无穷大时，实际电压源的输出电压达到最大值，记为 U_S。实际电压源的电路模型及其伏安特性曲线如图 2.2-3 所示。

(2)理想电流源与实际电流源

电流源是除电压源以外的另一种形式的电源，它也可以分为理想电流源与实际电流源(简称电流源或恒流源)。理想电流源可以向外电路提供一个恒定的电流 I_S，它的

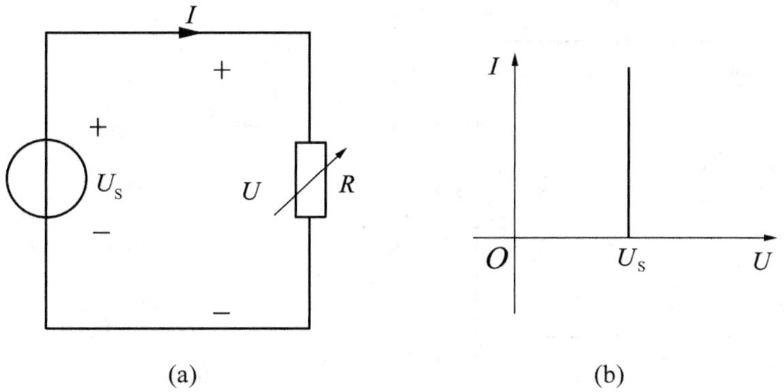

图 2.2-2　理想电压源

(a)电路模型;(b)伏安特性曲线

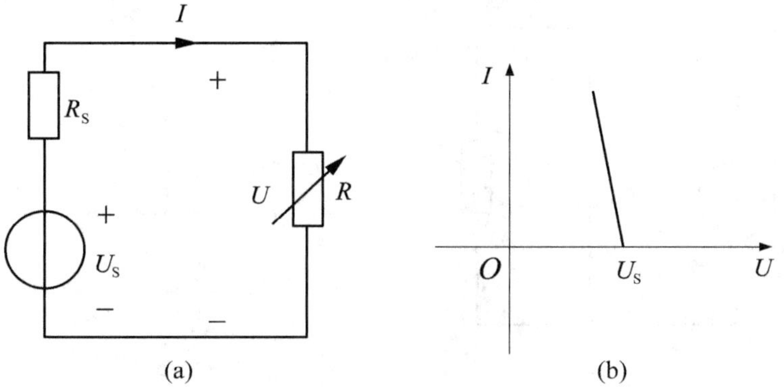

图 2.2-3　实际电压源

(a)电路模型;(b)伏安特性曲线

端电压大小取决于外电路。理想电流源的电路模型及其伏安特性曲线如图 2.2-4 所示。

实际电流源的输出电流并非恒定值,而是随着负载的增大而减小。负载的阻值越大,电流下降得就越多;相反,负载的阻值越小,流过外电路的电流越大。当负载的阻值为零时,流过外电路的电流最大,记为 I_S。实际电流源可以用一个输出电流为 I_S 的理想电流源和一个内阻 R_S 并联的电路模型表示。实际电流源的电路模型及其伏安特性曲线如图 2.2-5 所示。

2.2.2.3　实际电压源和实际电流源的等效互换

一个实际的电源,就其外部特性而言,既可以看成是一个电压源,又可以看成是一个电流源。若视为电压源,则可用一个电压源 U_S 与一个电阻 R_S 相串联表示;若视为电流源,则可用一个电流源 I_S 与一个电阻 R_S 相并联来表示。若它们向同样大小的负载给出同样大小的电流和端电压,则称这两个电源是等效的,即具有相同的外特性。

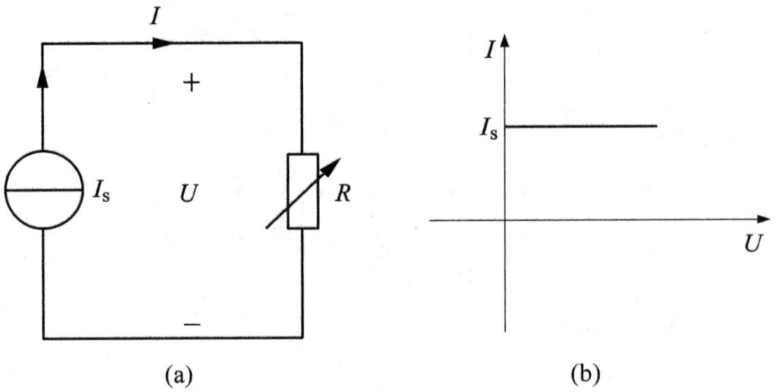

图 2.2-4 理想电流源

(a)电路模型;(b)伏安特性曲线

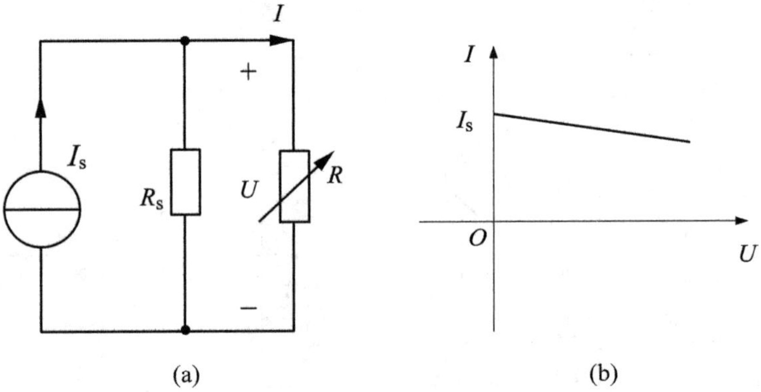

图 2.2-5 实际电流源

(a)电路模型;(b)伏安特性曲线

实际电压源与实际电流源等效变换的条件为:

(1)取实际电压源与实际电流源的内阻均为 R_S;

(2)已知实际电压源的参数为 U_S 和 R_S,则实际电流源的参数为 $I_S=\dfrac{U_S}{R_S}$和 R_S,

(3)若已知实际电流源的参数为 U_S 和 R_S,则实际电压源的参数为 $U_S=I_SR_S$ 和 R_S。

(4)在进行电源等效变换时,要注意电压源与电流源的方向。

2.2.3 预习要求

(1)预习二端元件伏安特性的基本概念;

(2)预习二端元件伏安特性的测量方法;

(3)了解两种实际电源等效变换的条件。

2.2.4　实验内容

(1)线性电阻元件伏安特性的测量

按图 2.2-6 接线,图中的电源 U_S 选用恒压源的可调稳压输出端,通过直流数字毫安表与 1kΩ 线性电阻相连,电阻两端的电压用直流数字电压表测量。

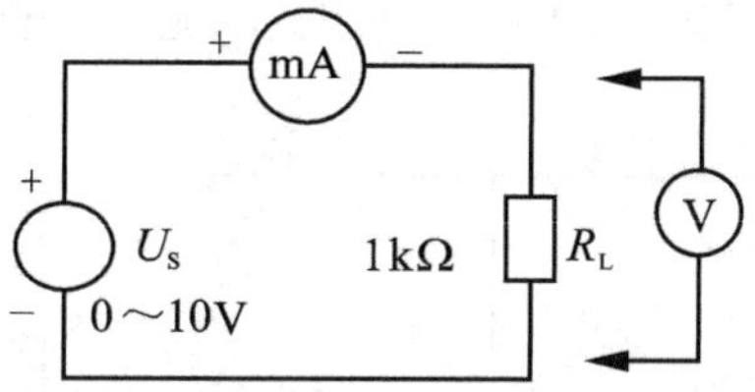

图 2.2-6　线性电阻元件伏安特性测定实验电路图

调节恒压源可调稳压电源的输出电压 U,从 0V 开始缓慢地增加(不能超过 10V),在表 2.2-1 中记下相应的电压表和电流表的读数。

表 2.2-1　线性电阻伏安特性数据

U/V	0	2	4	6	8	10
I/mA						

(2)半导体二极管伏安特性的测量

按图 2.2-7 接线,R 为限流电阻,取 200Ω(十进制可变电阻箱),二极管的型号为 1N4007。

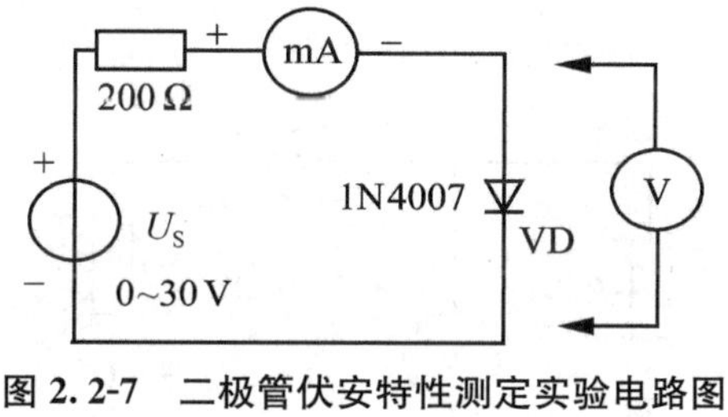

图 2.2-7　二极管伏安特性测定实验电路图

测二极管的正向特性时,其正向电流不得超过 25 mA,二极管的正向压降可在 0～0.75 V 之间取值。特别是在 0.5～0.75 V 之间更应取几个测量点;测反向特性时,将可调稳压电源的输出端正、负连线互换,调节可调稳压输出电压 U,从 0 开始缓慢减少(不能超过 −30 V),将数据分别记入表 2.2-2 和表 2.2-3 中。

表 2.2-2　二极管正向特性实验数据

U/V	0	0.2	0.4	0.45	0.5	0.55	0.60	0.65	0.70	0.75
I/mA										

表 2.2-3　二极管反向特性实验数据

U/V	0	−5	−10	−15	−20	−25	−30
I/mA							

(3)测定电压源(恒压源)与实际电压源的外特性

实验电路如图 2.2-8 所示，图中的电源 U_S 用恒压源 0～+30V 可调电压输出端，并将输出电压调到+6V，R_1 取 200Ω 的固定电阻，R_2 取 470Ω 的电位器。

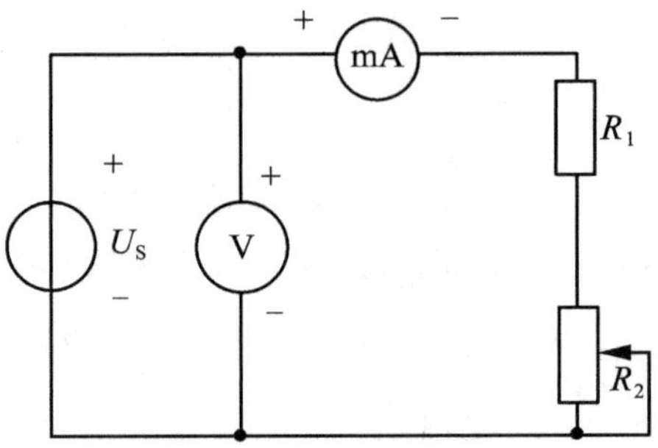

图 2.2-8　理想电压源伏安特性测定实验电路图

调节电位器 R_2，令其阻值由大至小变化，将电流表、电压表的读数记入表 2.2-4 中。

表 2.2-4　理想电压源(恒压源)外特性数据

U/V							
I/mA							

在图 2.2-8 电路中，将电压源改成实际电压源，如图 2.2-9 所示，图中内阻 R_S 取 51Ω 的固定电阻。

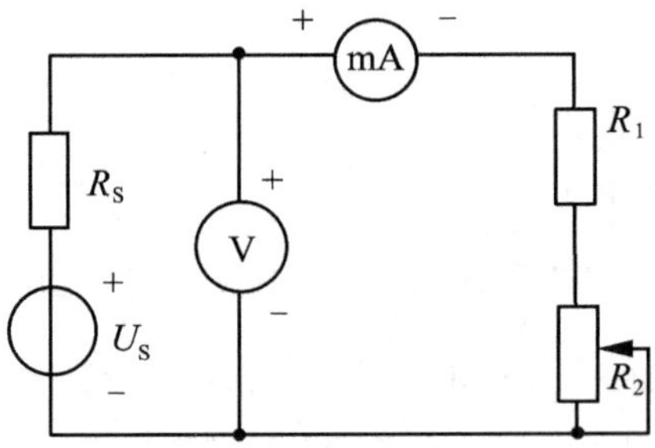

图 2.2-9　实际电压源伏安特性测定实验电路图

调节电位器 R_2，令其阻值由大至小变化，将电流表、电压表的读数记入表 2.2-5 中。

表 2.2-5　实际电压源外特性数据

U/V							
I/mA							

(4)测定电流源(恒流源)与实际电流源的外特性

①设计实验方案。

②按设计好的实验方案在实验台上选择器件并接线。

③记录实际电流源输出电压及电流的实验数据,并对实验结果加以说明。

(5)研究电源等效变换的条件,设计实验方案

①按设计好的实验方案在实验台上选择器件并接线。

②按设计电路图接上电压源,记录实际电压源电路中负载的电流和电压值。

③按设计电路图接上电流源,调节恒流源的输出电流 I_S,使负载中的电压和电流与步骤②相等,记录 I_S 值。

2.2.5　实验报告要求

(1)根据实验数据,分别在方格纸上绘制出各个电阻的伏安特性曲线。

(2)根据伏安特性曲线,计算线性电阻的电阻值,并与实际电阻值比较。

(3)回答思考题。

2.2.6　思考题

(1)线性电阻与非线性电阻的伏安特性有何区别?它们的阻值与通过的电流有无关系?

(2)通常直流稳压电源的输出端不允许短路,直流恒流源的输出端不允许开路,为什么?

(3)电压源与电流源的外特性为什么呈下降变化趋势,稳压源和恒流源的输出在任何负载下是否都保持恒值?

(4)实际电压源与实际电流源等效变换的条件是什么?所谓"等效"是对谁而言的?电压源与电流源能否等效变换?

2.2.7　实验仪器和器材

(1)恒压源(双路 0～30 V 可调);

(2)恒流源(0～200 mA 可调);

(3)二极管 $0 \leqslant I_m < 25$ mA,$0.5\text{V} < U < 0.75\text{V}$;

(4)直流数字电压表、直流数字电流表;

(5)EEL-51 组件。

2.3 叠加原理的验证

2.3.1 实验目的

(1)巩固所学的理论知识,理解线性电路的叠加性;

(2)验证叠加原理,了解叠加原理的应用场合;

(3)学习直流仪器仪表的测试方法。

2.3.2 实验原理

叠加原理指出:在两个或多个独立电源共同作用下的线性电路中,通过每一个元件的电流或其两端的电压,可以看成是由每一个电源单独作用时在该元件上所产生的电流或电压的代数和,如图 2.3-1 所示。

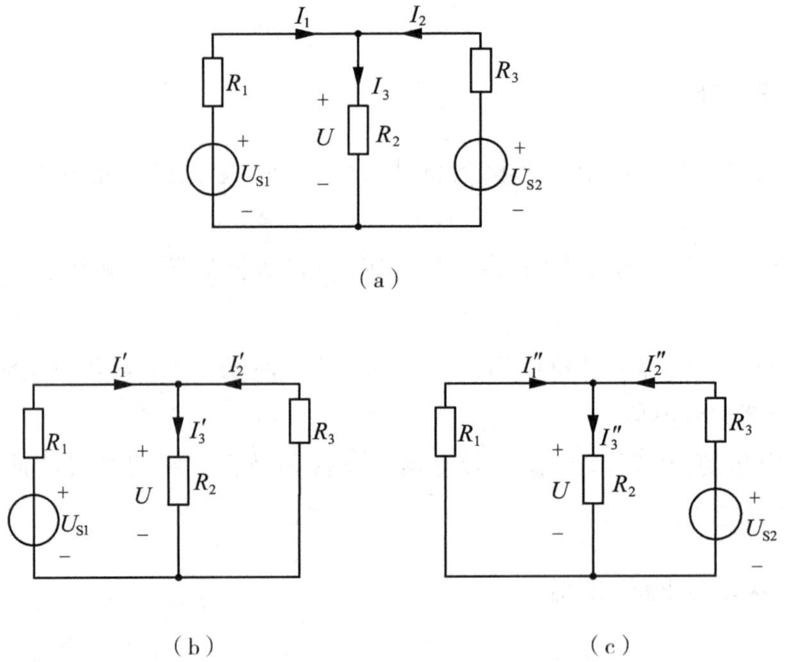

图 2.3-1 实验原理图

(a)U_{S1},U_{S2} 同时作用;(b)U_{S1} 单独作用;(c)U_{S2} 单独作用

使用叠加原理时应注意以下几点:

(1)在叠加的各分电路中,不作用的电压源用短路替代,不作用的电流源用开路替代。若电源有内阻,则需保留其内阻。受控源则保留在各分电路中。

(2)叠加时各分电路中的电压、电流的参考方向可以取与原电路相同。在求电流或电压的代数和时,若电源单独作用下电流或电压的参考方向与共同作用下的参考方向一致,符号取正,否则取负。

(3)叠加原理反映了线性电路的叠加性,只适用于求解线性电路中的电流、电压。

(4)原电路的功率不等于按各分电路计算所得功率的叠加,这是因为功率是电压和电流的乘积,与激励不呈线性关系。

2.3.3　预习要求

(1)复习并理解叠加原理的基本概念,并加深对参考方向的理解。

(2)按照表 2.3-1 的要求,用叠加原理计算图 2.3-2 中的各个电流,记录在表 2.3-1 中。

表 2.3-1　各电流理论值

电压源状态	计算值				
	U_{S1}/V	U_{S2}/V	I_1/mA	I_2/mA	I_3/mA
U_{S1} 单独作用	12	0			
U_{S2} 单独作用	0	6			
U_{S1},U_{S2} 共同作用	12	6			
U_{S2} 单独作用	0	12			

2.3.4　实验内容

实验电路如图 2.3-2 所示,图中 $R_1=R_3=R_4=510\Omega$,$R_2=1\text{k}\Omega$,$R_5=330\Omega$。图中电源 U_{S1} 用恒压源Ⅰ路 0～+30V 可调电压输出端,将输出电压调到+12V;U_{S2} 用恒压源Ⅱ路 0～+30V 可调电压输出端,将输出电压调到+6V(以直流数字电压表读数为准)。开关 S_3 投向 R_3 侧。

(1)令 U_{S1} 和 U_{S2} 共同作用(即将开关 S_1 和 S_2 分别投向上);用直流数字电压表和毫安表(接电流插头)测量各电流及电压,数据记入表 2.3-2 中。

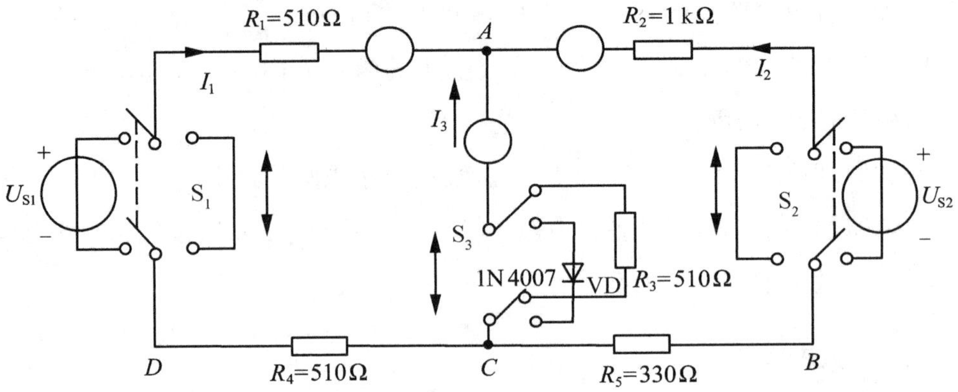

图 2.3-2 实验电路图

(2)令 U_{S1} 电源单独作用(即将开关 S_1 投向上,开关 S_2 投向下);测量各支路电流及各电阻元件两端的电压,数据记入表 2.3-2 中。

表 2.3-2 实验数据一

电压源状态	测量值							
	U_1/V	U_2/V	I_1/mA	I_2/mA	I_3/mA	U_{AB}/V	U_{BC}/V	U_{CD}/V
U_{S1} 单独作用	12	0						
U_{S2} 单独作用	0	6						
U_{S1},U_{S2} 共同作用	12	6						
U_{S2} 单独作用	0	12						

(3)令 U_{S2} 电源单独作用(即将开关 S_1 投向下,开关 S_2 投向上);测量各电流及电压,数据记入表 2.3-2 中。

(4)将 U_{S2} 的数值调至+12 V,重复各电流及电压的测量,数据记入表 2.3-2 中。

(5)将开关 S_3 投向二极管 VD 侧,即电阻 R_3 换成一个二极管 1N4007,重复步骤(1)至(3)的测量过程,并将数据记入表 2.3-3 中。

表 2.3-3 实验数据二

电压源状态	测量值							
	U_{S1}/V	U_{S2}/V	I_1/mA	I_2/mA	I_3/mA	U_{AB}/V	U_{BC}/V	U_{CD}/V
U_{S1} 单独作用	12	0						
U_{S2} 单独作用	0	6						
U_{S1},U_{S2} 共同作用	12	6						

2.3.5　实验报告要求

(1)根据表 2.3-2 实验数据一,通过求各支路电流和各电阻元件两端电压,验证线性电路的叠加性。

(2)根据表 2.3-2 实验数据一,当 $U_{S1}=U_{S2}=12V$ 时,用叠加原理计算各支路电流和各电阻元件两端电压。

(3)根据表 2.3-3 实验数据二,说明叠加性是否适用该实验电路。

2.3.6　思考题

(1)叠加原理中 U_{S1}、U_{S2} 分别单独作用,在实验中应如何操作?可否将要去掉的电源(U_{S1} 或 U_{S2})直接短接?

(2)各电阻元件所消耗的功率能否用叠加原理计算得出?试用上述实验数据计算并加以说明。

(3)实验电路中,将一个电阻元件改为二极管,叠加原理是否成立?

2.3.7　实验仪器和器材

(1)直流数字电压表、直流数字电流表;

(2)恒压源(双路 0～30V 可调);

(3)EEL-53 组件。

2.4　戴维南定理的验证

2.4.1　实验目的

(1)验证戴维南定理的正确性,加深对该定理的理解;

(2)掌握测量有源二端网络等效参数的一般方法;

(3)掌握测量线性有源二端网络等效参数的一般方法。

2.4.2　实验原理

2.4.2.1　戴维南定理

戴维南定理指出:任何一个线性有源二端网络,如图 2.4-1(a)所示,总可以用一个电压源和一个电阻串联组成的实际电压源来代替,如图 2.4-1(b)所示。其中:电压源电压等于这个线性有源二端网络的开路电压 U_{OC},内阻等于该网络中所有独立电源均置零(电压源短接,电流源开路)后的等效电阻 R_i。

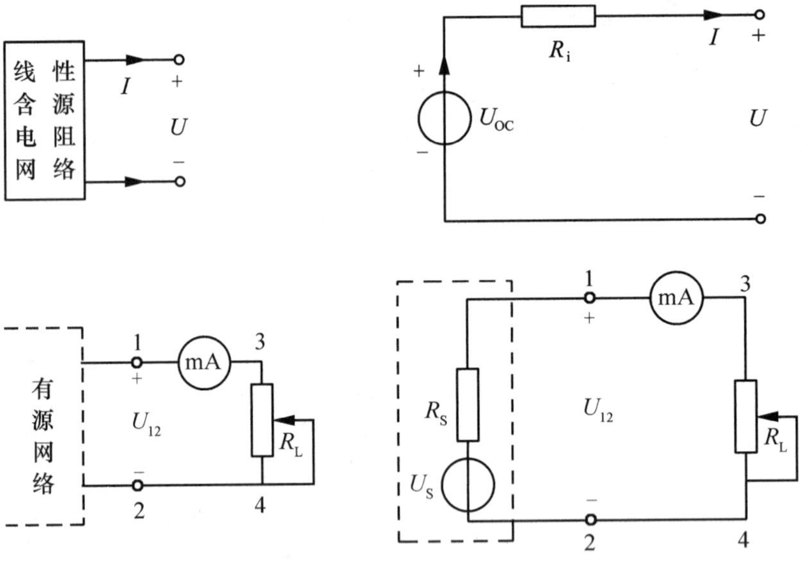

(a)　　　　　　(b)

图 2.4-1　戴维南定理原理图

(a)原电路;(b)等效电路

U_{OC} 和 R_i 称为有源二端网络的等效参数。

2.4.2.2　有源二端网络等效参数的测量方法

(1)开路电压、短路电流法

在有源二端网络输出端开路时，用电压表直接测其输出端的开路电压 U_{OC}，然后再将其输出端短路，测其短路电流 I_{SC}，则内阻为：

$$R_S=\frac{U_{OC}}{I_{SC}}$$

当有源二端网络的内阻值很低时，则不宜测其短路电流。

(2)伏安法

一种方法是用电压表、电流表测出有源二端网络的外特性曲线，如图 2.4-2 所示。开路电压为 U_{OC}，根据外特性曲线求出斜率 $\tan\varphi$，则内阻为：

$$R_S=\frac{\Delta U}{\Delta I}$$

另一种方法是测量有源二端网络的开路电压 U_{OC} 以及额定电流 I_N 和对应的输出端额定电压 U_N，则内阻为：

$$R_S=\frac{U_{OC}-U_N}{I_N}$$

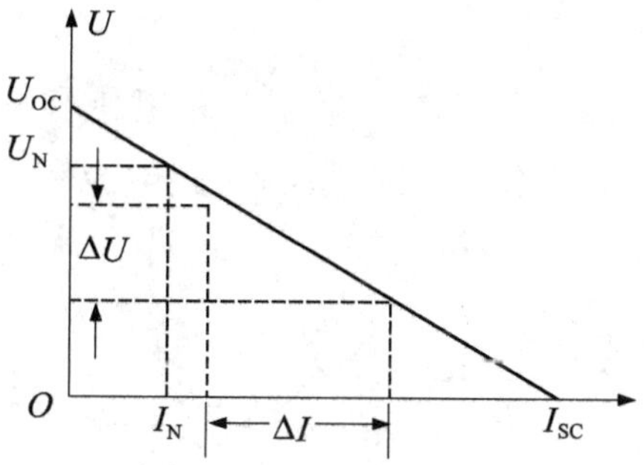

图 2.4-2　伏安法

(3)半电压法

如图 2.4-3 所示，当负载电压为被测网络开路电压 U_{OC} 的一半时，负载电阻 R_L 的大小(由电阻箱的读数确定)即为被测有源二端网络的等效内阻 R_S。

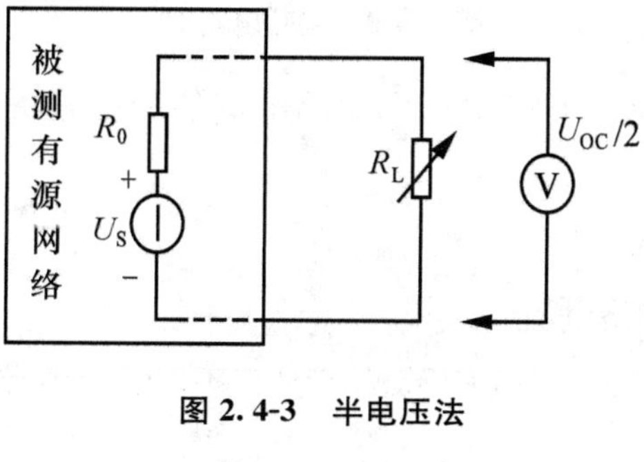

图 2.4-3　半电压法

(4)零示法

在测量具有高内阻有源二端网络的开路电压时，用电压表进行直接测量会造成较大的误差。为了消除电压表内阻的影响，往往采用零示测量法，如图 2.4-4 所示。零示法测量原理是用一低内阻的恒压源与被测有源二端网络进行比较，当恒压源的输出电压与有源二端网络的开路电压相等时，电压表的读数将为“0”，然后将电路断开，测量此时恒压源的输出电压 U，即为被测有源二端网络的开路电压。

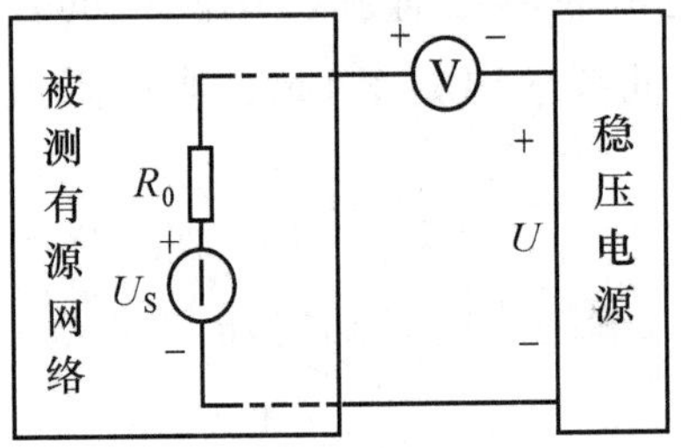

图 2.4-4　零示法

2.4.3　预习要求

(1)复习戴维南定理，掌握有源二端网络的开路电压和等效内阻的计算方法。并计算出图 2.4-5 所示的有源二端网络的开路电压、短路电流和等效内阻。

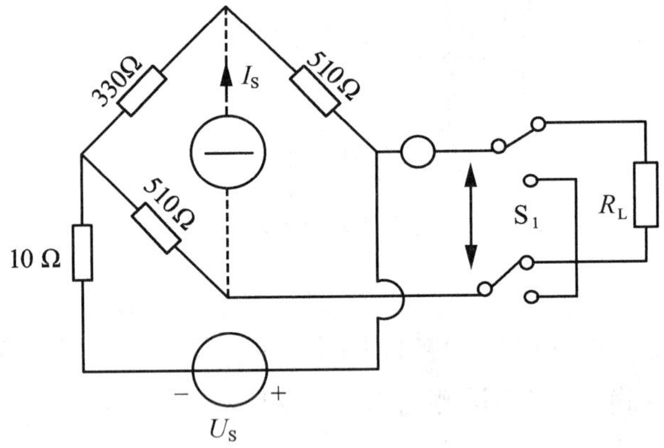

图 2.4-5　实验电路图

(2)预习有源二端网络的开路电压和短路电流的测量方法。

2.4.4　实验内容

(1)测量开路电压、短路电流

被测有源二端网络如图 2.4-5 所示。在图 2.4-5 所示电路接入恒压源 $U_S=12V$ 及可变电阻 R_L。

测开路电压 U_{OC}：在图 2.4-5 电路中，断开负载 R_L，用电压表测量开路电压 U_{OC}，将数据记入表 2.4-1 中。

测短路电流 I_{SC}：在图 2.4-5 电路中，将负载 R_L 短路，用电流表测量短路电流 I_{SC}，将数据记入表 2.4-1 中。

表 2.4-1　测量开路电压、短路电流

U_{OC}/V	I_{SC}/mA	$R_S=U_{OC}/I_{SC}$

(2)负载实验

测量有源二端网络的外特性：在图 2.4-5 电路中，改变负载电阻 R_L 的阻值，逐点测量对应的电压、电流，将数据记入表 2.4-2 中，并计算有源二端网络的等效参数 U_S 和 R_S。

表 2.4-2　有源二端网络的外特性数据

R_L(/Ω	900	800	700	600	500	400	300	200	100
U/V									
I/mA									

(3)验证戴维南定理

测量有源二端网络等效电压源的外特性：图 2.4-1(b)电路是图 2.4-5 的等效电压源电路，图中，电压源 U_S 用恒压源的可调稳压输出端，调整到表 2.4-1 中的 U_{OC} 数值；内阻 R_S 按表 2.4-1 中计算出来的 R_S(取整)选取固定电阻。然后，用电阻箱改变负载电阻 R_L 的阻值，逐点测量对应的电压、电流，将数据记入表 2.4-3 中。

表 2.4-3　有源二端网络等效电压源的外特性数据

R_L/Ω	900	800	700	600	500	400	300	200	100
U/V									
I/mA									

(4)测定有源二端网络等效电阻(又称入端电阻)的其他方法

将被测有源网络内的所有独立源置零(将电流源 I_S 去掉，也去掉电压源，并在原电压端所接的两点用一根短路导线相连)，然后用伏安法或者直接用万用表的欧姆挡去测定负载 R_L 开路后 A、B 两点间的电阻，此即为被测网络的等效内阻 R_{eq} 或称网络的入端电阻 R_1。

R_{eq}=________(Ω)

2.4.5 实验报告要求

(1)回答思考题。

(2)根据表 2.4-1 和表 2.4-2 的数据,计算有源二端网络的等效参数 U_S 和 R_S。

(3)根据表 2.4-2 和表 2.4-3 的数据,绘出有源二端网络和有源二端网络等效电路的外特性曲线,验证戴维南定理的正确性。

2.4.6 思考题

(1)如何测量有源二端网络的开路电压和短路电流,在什么情况下不能直接测量开路电压和短路电流?

(2)列出测量有源二端网络开路电压及等效内阻的几种方法,并比较其优缺点。

2.4.7 实验仪器和器材

(1)直流数字电压表、直流数字电流表;

(2)恒压源(双路 0～30V 可调);

(3)恒源流(0～500mA 可调);

(4)EEL-53 组件;

(5)EEL-51 组件。

2.5　最大功率传输条件的研究

2.5.1　实验目的

(1)理解阻抗匹配,掌握最大功率传输的条件;

(2)掌握根据电源外特性设计实际电源模型的方法。

2.5.2　实验原理

(1)负载获得最大功率的条件

电源向负载供电的电路如图 2.5-1 所示,图中 R_S 为电源内阻,R_L 为负载电阻。当电路电流为 I 时,负载 R_L 得到的功率为:

$$P_L = I^2 R_L = \left(\frac{U_S}{R_S + R_L}\right) \times R_L$$

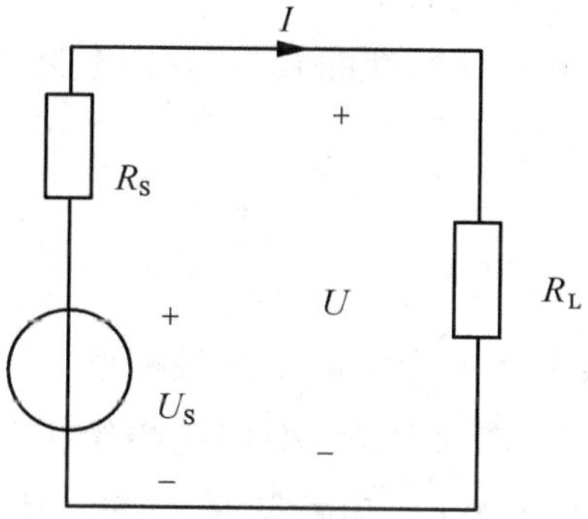

图 2.5-1　实验原理图

可见,当电源 U_S 和 R_S 确定后,负载得到的功率大小只与负载电阻 R_L 有关。根据数学求最大值的方法,负载功率表达式中 R_L 为自变量,P 为应变量,令 $\frac{dP_L}{dR_L}=0$,解得:$R_L = R_S$ 时,负载得到最大功率,即

$$P_L = P_{Lmax} = \frac{U_S^2}{4R_S}$$

$R_L = R_S$ 称为阻抗匹配,即电源的内阻抗(或内电阻)与负载阻抗(或负载电阻)相等时,负载可以得到最大功率。也就是说,最大功率传输的条件是供电电路必须满足阻抗匹配。这时,称电路处于“匹配”工作状态。

(2)匹配电路的特点及应用

在电路处于“匹配”状态时,负载得到最大功率时电路的效率为

$$\eta=\frac{P_L}{U_S I}=50\%$$

此时电源的效率只有一半。显然，这对电力系统的能量传输过程是绝对不允许的。发电机的内阻是很小的，电路传输的主要指标是高效率送电，最好是 100%的功率均传送给负载。为此负载电阻应远大于电源的内阻，即不允许运行在匹配状态。而在电子技术领域里却完全不同。一般的信号源本身功率较小，且都有较大的内阻。而负载电阻(如扬声器等)往往是较小的定值，且希望能从电源获得最大的功率输出，而电源的效率往往不予考虑。通常设法改变负载电阻，或者在信号源与负载之间加阻抗变换器(如音频功放的输出级与扬声器之间的输出变压器)，使电路处于工作匹配状态，以使负载能获得最大的输出功率。

2.5.3 预习要求

(1)什么是阻抗匹配？电路传输最大功率的条件是什么？

(2)电路传输的功率和效率如何计算？

(3)根据图 2.5-2 给出的电源外特性曲线，计算出实际电压源模型中的电压源 U_S 和内阻 R_S，作为实验电路中的电源。

2.5.4 实验内容

(1)根据电源外特性曲线设计一个实际电压源模型

已知电源外特性曲线如图 2.5-2 所示，根据图中给出的开路电压和短路电流数值，计算出实际电压源模型中的电压源 U_S 和内阻 R_S。实验中，电压源 U_S 选用恒压源的可调稳压输出端，内阻 R_S 选用固定电阻。

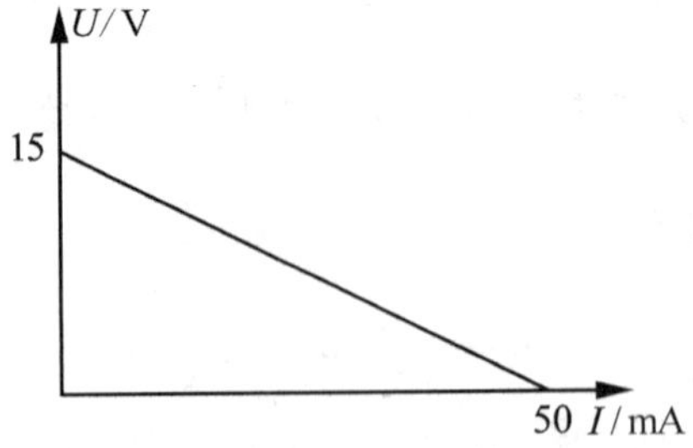

图 2.5-2 伏安特性曲线

(2)测量电路传输功率

用上述设计的实际电压源与负载电阻 R_L 相连，电路如图 2.5-3 所示，图中 R_L 选用电阻箱，从 0～600Ω 改变负载电阻 R_L 的数值，测量对应的电压、电流，将数据记入

表 2.5-1 中。

表 2.5-1　电路传输功率数据

R_L/Ω	0	100	200	300	400	500	600
U/V							
I/mA							

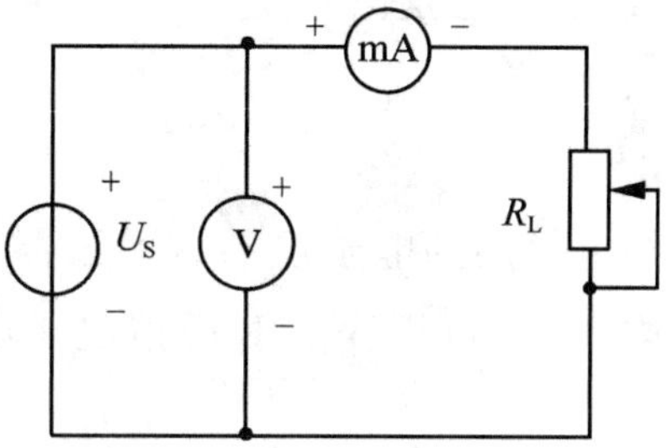

图 2.5-3　实验电路图

2.5.5　实验报告要求

(1)回答思考题。

(2)根据表 2.5-1 的实验数据，计算出对应的负载功率 P_L，并画出负载功率 P_L 随负载电阻 R_L 变化的曲线，找出传输最大功率的条件。

(3)根据表 2.5-1 的实验数据，计算出对应的效率 η，指明：

①传输最大功率时的效率；

②什么时候出现最大效率，由此说明电路在什么情况下，传输最大功率才比较经济、合理。

2.5.6　思考题

电压表、电流表前后位置对换，对电压表、电流表的读数有无影响？为什么？

2.5.7　实验仪器和器材

(1)直流数字电压表、直流数字电流表；

(2)恒压源(双路 0～30V 可调)；

(3)恒源流(0～200mA 可调)；

(4)EEL-51 组件。

2.6 常用电子仪器的使用

2.6.1 实验目的

(1)学习电子电路实验中常用的示波器、信号发生器、交流毫伏表等电子仪器的主要技术指标、性能及正确使用方法。

(2)初步掌握用双踪示波器观察正弦信号波形和读取波形参数的方法。

2.6.2 实验原理

在模拟电子电路实验中经常使用的电子仪器有示波器、信号发生器、交流毫伏表及数字频率计等。它们和万用表一起,可以完成对模拟电子电路的静态和动态工作情况的测试。

实验中要对各种电子仪器进行综合使用,可按照信号流向,以连线简洁、调节顺手、观察与读数方便等原则进行合理布局。各仪器与被测实验装置之间的布局与连接如图 2.6-1 所示。

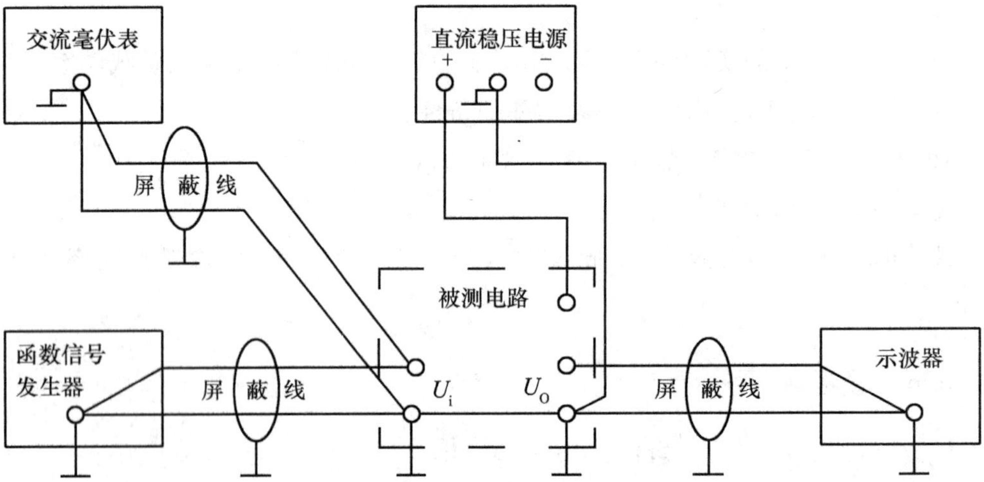

图 2.6-1 实验布局连接图

接线时应注意,为防止外界干扰,各仪器的公共接地端应连接在一起,称共地。信号源和交流毫伏表的引线通常用屏蔽线或专用电缆线,示波器接线使用专用电缆线,直流电源的接线用普通导线。

2.6.2.1 示波器

(1)示波器的结构

示波器是利用电子示波管内电子射线的偏转,在荧光屏上显示出电信号波形的特性，将人眼无法直接观测的交变电信号转换成图像显示在荧光屏上，以便测量的电子测量仪器。它是观察数字电路实验现象、分析实验中的问题、测量实验结果必不可少的重要仪器。其主要特点：不仅能显示电信号的波形，而且还可以测量电信号的幅度、周期、频率、相位及波形比等；优点是测量灵敏度高、过载能力强、输入阻抗高。

根据信号处理技术方法的不同，示波器可分为模拟示波器和数字示波器两大类。根据用途的不同，示波器又可以分为通用示波器、专用示波器（高频示波器、高压示波器）、数字存储示波器等。

一般示波器主要由电子示波管、扫描整步装置、衰减系统和电压放大系统、电源等四部分组成。其结构如图 2.6-2 所示。为了适应各种测量的要求，示波器的电路组成是多样而复杂的，这里仅就主要部分加以介绍。

如图 2.6-2 所示，示波管又称阴极射线管，英文缩写为 CRT，它将电信号转换为光信号，是示波器的核心部件。它主要包括荧光屏、电子枪、偏转系统三部分，全都密封在真空玻璃壳内，构成了一个完整的示波管。

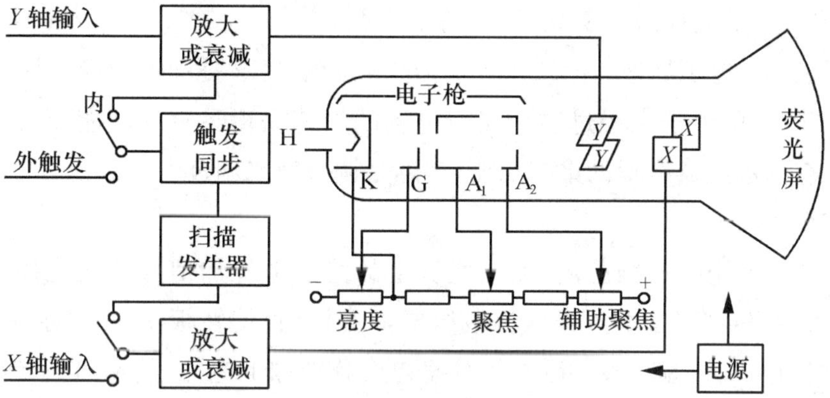

图 2.6-2　示波器组成框图

①荧光屏

荧光屏通常是矩形平面，内表面沉积一层磷光材料构成的荧光膜。在荧光膜上常又增加一层蒸发铝膜。加速聚焦后的高速电子束穿过铝膜，撞击荧光粉而发光形成亮点，从而显示出电子束的位置。铝膜具有内反射作用，有利于提高亮点的亮度。当电子停止作用后，荧光剂的发光须经一定时间才会停止，称为余辉效应。一般示波器多采用发绿光的示波管，以保护人的眼睛。

荧光屏外表面印有网格，横向有 10 格，选择合适的水平扫描速度（TIME/DIV）的挡位，即可表示每格所占时间；纵向有 8 格，选择合适的垂直衰减（VOLTS/DIV）的挡位，即可表示每格所占电压大小。

②电子枪

电子枪用以产生定向运动的高速电子，由灯丝 H、阴极 K、控制栅极 G、第一阳极 A_1、第二阳极 A_2 五部分组成。

阴极 K：电子射线的发源地。阴极 K 是一个表面涂有脱出功较低的钡和锶氧化物的金属筒，受到灯丝 H 加热后发射电子。

控制栅极 G：亮度控制。控制栅极 G 是一个顶端有小孔的圆筒，套在阴极外面。其电位低于阴极，对阴极发出的电子起阻碍作用，只有初速度较大的电子才能穿过栅极顶端的小孔，然后在阳极加速下奔向荧光屏。调节栅极电压可控制通过栅极的电子数目，从而实现亮度调节。示波器面板上的"亮度"调整就是通过调节电位以控制射向荧光屏的电子流密度，从而改变屏上的光斑亮度。

第一阳极 A_1：聚焦。第一阳极 A_1 电位比阴极电位高很多，加有几百伏的电压，而且形状特殊，产生的电场形成电子透镜，电子被它们之间的电场加速形成射线，电场对射线有聚焦作用，所以第一阳极也称聚焦阳极。面板上的"聚焦"调节，就是调节第一阳极电位，使荧光屏上的光斑成为明亮、清晰的小圆点。

第二阳极 A_2：电子加速。第二阳极 A_2 的电位更高，又称加速阳极。加有 1000V 以上的电压，聚焦后的电子束经过这个高压电场的加速获得足够的动能而成为一束高速的电子束。有的示波器有辅助聚焦功能，实际是调节第二阳极电位。

③偏转系统

偏转系统控制电子射线方向，使荧光屏上的光点随外加信号的变化描绘出被测信号的波形。它由两对相互垂直的偏转板组成，一对垂直偏转板 Y，一对水平偏转板 X。Y 轴偏转板在前，X 轴偏转板在后。两对偏转板分别加上电压，使两对偏转板间各自形成电场，分别控制电子束在垂直方向和水平方向偏转，从而使电子束在荧光屏上的光斑位置也发生改变，形成一个反映信号电压的波形。

④电压放大系统和衰减系统

示波器本身相当于一个多量程电压表，这一作用是靠信号放大器和衰减器实现的。由于示波管本身的 X 轴、Y 轴偏转板的灵敏度不高（0.1～1mm/V）。当加在偏转板的信号过小时，要预先将小的信号电压加以放大后再加到偏转板上，为此设置 X 轴、Y 轴电压放大器。衰减系统的作用是使过大的输入信号电压变小以适应放大器的要求，否则放大器不能正常工作，使输入信号发生畸变，甚至使仪器受损。对一般示波器来说，X 轴和 Y 轴都设置有衰减器，以满足各种测量的需要。

⑤电源电路

电源电路包括低压电源电路和高压电源电路，低压电源电路提供示波器各工作电路电压，高压电源电路提供示波管各极电压。

(2)示波器显示波形的原理

由示波管的原理可知，如果偏转板上不加电压，则电子束将聚焦于荧光屏而形成一个光点。如果偏转板上加有电压，则电子束的运动方向将会发生偏转，从而使电子束在荧光屏上的光点位置也随之变化。容易证明，在一定范围内，光点的位移与偏转板上所加电压成正比，因而可将电压的测量转化为对荧光屏上光点偏移距离的测量。

①示波器的扫描系统

如果只在竖直偏转板上加一交变的正弦电压 $U_y = U_{ym}\sin\omega t$，则电子束将随电压的变化在竖直方向来回运动；如果电压频率较高，则在荧光屏上看到的是一条竖直亮线，如图 2.6-3 所示。

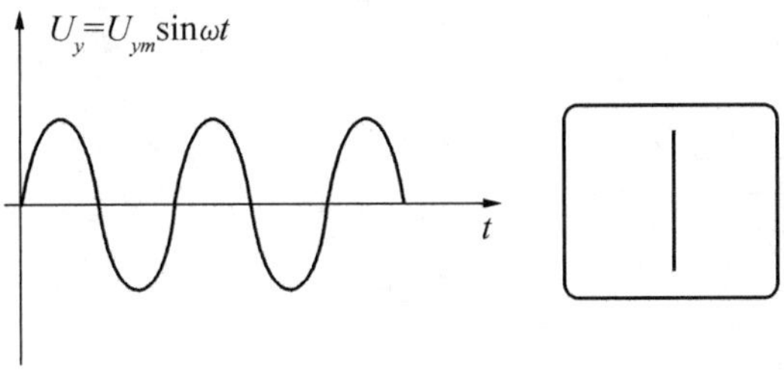

图 2.6-3　输入电压信号波形

如果在水平偏转板上加一个随时间周期性变化的电压，即“锯齿波电压”$U_x = U_{xm}t$，当频率足够高时，则荧光屏上只显示一条水平亮线，如图 2.6-4 所示。

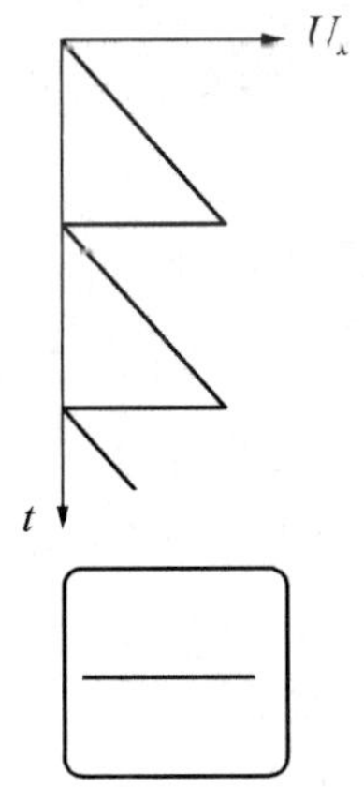

图 2.6-4　扫描电压信号波形

如果在竖直偏转板上(简称 Y 轴)加正弦电压，同时在水平偏转板上(简称 X 轴)加锯齿波电压，电子受竖直、水平两个方向的力的作用，电子的运动就是两个相互垂直的运动的合成。当锯齿波电压与正弦电压的周期完全一致时，在荧光屏上将能显示出完整周期的正弦电压的波形图，如图 2.6-5 所示。

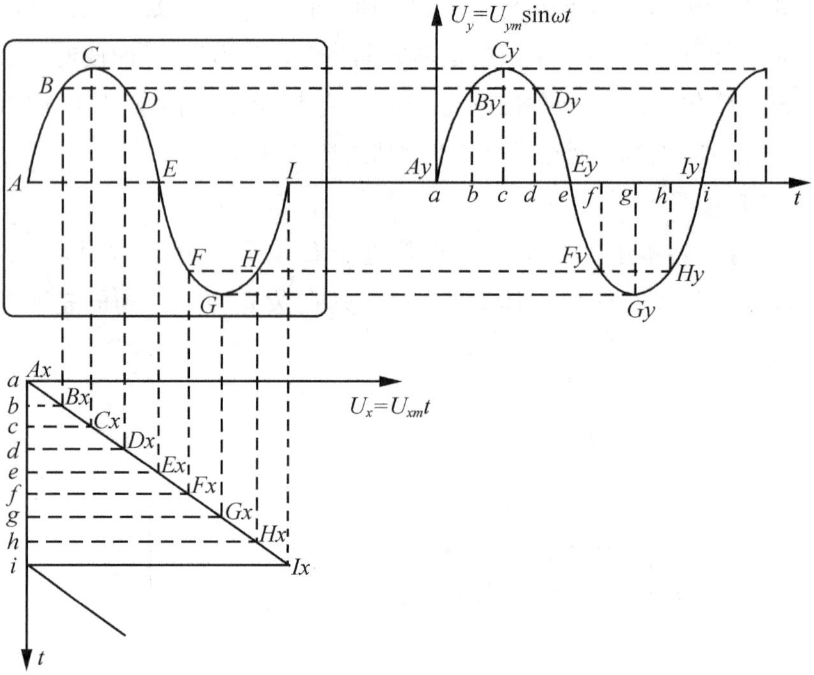

图 2.6-5　示波器显示正弦电压波形的原理

综上所述，这种把 Y 偏转板上的电压 U_y 的变化规律沿 X 偏转板上“展开”的过程称为“扫描”。扫描系统（又称时基电路）就是用来产生一个随时间作线性变化的扫描电压，使荧光屏上的水平坐标变成时间坐标，Y 轴输入的被测信号波形就可以在时间轴上展开。扫描系统是示波器显示被测电压波形必需的重要组成部分。

②示波器的整步（同步）

由图 2.6-5 可看出，U_x 与 U_y 的周期相同时，光点扫完整个正弦曲线后锯齿波电压随即复原，同时又扫出一条与先前完全重合的正弦曲线。如果正弦波和锯齿波电压的周期稍微不同，那么每次扫出的曲线与先前的曲线不重合，荧光屏上出现的图形是一移动着的不稳定的曲线，这种情况在示波器使用过程中经常会出现。其原因是扫描电压的周期与被测信号的周期不相等或不成整数倍，以致每次扫描开始时波形曲线上的起点均不一样。

为了使荧光屏上的图形稳定，必须使 U_x 的频率与 U_y 的频率严格相同或为整数倍关系，图形才会完整、清晰且稳定。即

$$f_y=nf_x \qquad n=1,2,3,\cdots$$

式中 n 为荧光屏上所显示的完整波形的个数，这种使两者频率成整数倍且相位差

恒定的调节过程称为“整步”或“同步”。

实际上，由于 U_x 与 U_y 来自不同的震荡源，其频率比不易满足上述关系，而且受环境或其他因素的影响，它们的周期（或频率）可能发生微小的改变。这时，虽然可通过调节扫描旋钮将周期调到整数倍的关系，但是过一会儿又变了，波形又移动起来。在观察高频信号时这种问题尤为突出。为此示波器内装有扫描同步装置（电平调节旋钮），让锯齿波电压的扫描起点自动跟着被测信号改变，称为“整步”装置。根据 U_y 的频率 f_y 调节 U_x 的频率 f_x，使 f_x 准确地等于 f_y 的$\frac{1}{n}$倍，进而获得稳定的信号波形。

双踪示波器与单踪示波器的主要区别：由于双踪示波器具有两个 Y 轴（垂直）通道，基于显示波形的需要增设了一个电子开关，用于切换不同的显示方式，电子开关在不同的时刻将不同的垂直通道的信号送到 Y 轴偏转板，实现相应的波形显示，如交替双踪显示，断续双踪显示，Y_A、Y_B 单踪显示，ADD 混合显示等，并在 Y_2 通道设置有倒相开关用于信号倒相，以实现信号幅度相减功能。

（3）双踪示波器的使用

MOS-620B 是一种便携式双踪示波器。带宽 20MHz，最大灵敏度为 1mV/div，最大扫描速度为 0.2μs/div，并可扩展 10 倍使扫描速度达到 20ns/div。

MOS-620B 双踪示波器前面板控制件位置如图 2.6-6 所示，各主要控制件功能说明见表 2.6-1 至表 2.6-4。

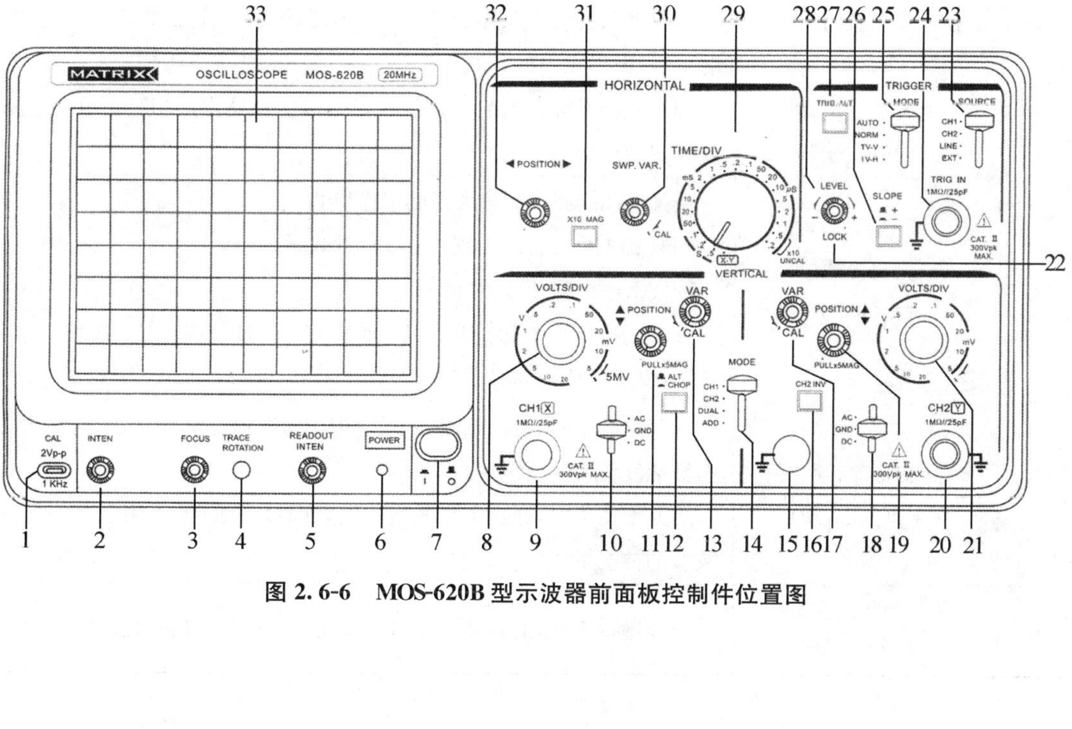

图 2.6-6　MOS-620B 型示波器前面板控制件位置图

表 2.6-1 示波管(CRT)控制件功能说明

序号	控制件名称	控制件作用
2	亮度(INTEN)	调节轨迹或亮点的亮度
3	聚焦(FOCUS)	调节轨迹或亮点的聚焦
4	轨迹旋转 (TRACE ROTATION)	半固定的电位器用来调整水平轨迹与刻度线的平行
6 7	电源指示灯及电源开关 (POWER)	当此开关开时发光二极管发亮,仪器电源接通
33	滤色片	使波形看起来更加清晰

表 2.6-2 垂直方向部分控制件功能说明

序号	控制件名称	控制件作用
9 20	CH1(*X*)输入端 CH2(*Y*)输入端	在常规使用时,此端口作为垂直通道 1(或 2)的输入口;在 *X*-*Y* 方式时,作为 *X*(或 *Y*)轴信号输入口
10 18	垂直输入的耦合方式 (AC GND DC)	AC:交流耦合; GND:垂直放大器的输入接地,输入端断开; DC:直流耦合
8 21	垂直衰减开关 (VOLTS/DIV)	调节垂直偏转系数从 5mV/div~20V/div 分 12 挡
13 17	垂直微调 (VAR)	微调灵敏度大于或等于 1/2.5 标示值,该旋钮旋至校准(CAL)位置时,灵敏度校正为标示值
11 19	▼▲垂直位移 (POSITION)	调节光迹在屏幕上的垂直位置。当该旋钮拉出后(×5mAG 状态)放大器的灵敏度乘以 5
14	垂直方式 (MODE)	选择 CH1 与 CH2 放大器的工作模式。 CH1 或 CH2:通道 1 或通道 2 单独显示; DUAL:两个通道同时显示; ADD:用于两个通道的代数和 CH1+CH2,按下 16 按钮(CH2 INV)按钮,为代数差 CH1-CH2
12	交替/断续 (ALT/CHOP)	在双踪显示时,放开此键,表示通道 1 与通道 2 交替显示(通常用在扫描速度较快的情况下); 当此键按下时,通道 1 与通道 2 同时断续显示(通常用于扫描速度较慢的情况下)
16	通道 2 的信号反向 (CH2 INV)	当此键按下时,通道 2 的信号以及通道 2 的触发信号也同时反向

表 2.6-3　触发(TRIG)控制件功能说明

序号	控制件名称	控制件作用
23	触发源选择(SOURCE)	选择内(INT)或外(EXT)触发。 CH1(或 CH2):当垂直方式选择开关 14 设定在 DUAL 或 ADD 状态时,选择通道 1(或通道 2)作为内部触发信号源; LINE:选择交流电源作为触发信号; EXT:外部触发信号接于插座 24 作为触发信号源
24	外触发输入插座(EXT INPUT)	用于外部触发信号,当使用该插座时,开关 23 设置在 EXT 的位置上
25	触发方式(TRIG MODE)	AUTO:自动,当没有触发信号输入时扫描在自由模式下; NORM:常态,当没有触发信号时,踪迹处在待命状态并不显示; TV-V:用于观察的电视场信号时; TV-H:用于观察电视行信号时(仅当同步信号为负脉冲时,方可同步电视场和电视行)
26	极性(SLOPE)	用以选择被测信号在上升沿或下降沿触发扫描
27	触发交替选择(TRIG ALT)	当开关 14 设定在 DUAL 或 ADD 状态,而且开关 23 选在通道 1 或通道 2 上,按下此按钮,就会交替选择通道 1 和通道 2 作为内触发信号源
28	触发电平(LEVEL)	显示一个同步稳定的波形,设定一个波形的起始点,向"+"旋转触发电平向上移,向"−"旋转触发电平向下移
1	校正信号(CAL)	提供幅度 U_{P-P} 为 2V 频率 1kHz 的方波信号,用于校正 10∶1 探头的补偿电容器和检测示波器垂直与水平的偏转因数
15	接地端(GND)	示波器机箱的接地

表 2.6-4　水平方向部分控制件功能说明

序号	控制件名称	控制件作用
29	水平扫描速度开关(TIME/DIV)	根据被测信号频率选择合适的挡级,水平扫描速度可以分 20 挡,从 0.2μs/div 到 0.5s/div,当设置到 X-Y 位置时用作 X-Y 示波器
30	水平微调(SWP. VAR)	微调水平扫描时间,扫描时间被校正到与面板上 TIME/DIV 指示的一致。TIME/DIV 扫描速度可连续变化,当反时针旋转到底为校正位置(CAL)。调节范围可达 2.5 倍以上
32	↔ 水平位移(POSITION)	调节光迹在屏幕上的水平位置
31	扫描扩展开关(×10 mAG)	按下时扫描速度扩展 10 倍

双踪示波器使用的注意事项如下：

①电源接通，电源指示灯亮约 20s 后，屏幕出现光迹。如果 60s 后还没有出现光迹，反回头再查开关和控制的设置。

②分别调节亮度，聚焦，使光迹亮度适中并清晰。

③调节通道 1 位置与迹线旋转，使光迹与水平刻度平行(用螺丝刀调节迹线旋转)。

④用探极将校准信号输入至 CH1 输入端。

⑤将 AC-GND-DC 开关设置在 AC 状态。一个方波将会出现在屏幕上。

⑥调整聚焦使图形清晰，调节电平旋钮使波形稳定，分别调节 Y 轴和 X 轴的位移，并将垂直微调和水平微调旋钮设定在"校准(CAL)"位置。

完成以上工作，证明本机工作状态基本正常，可以进行测试。

测量时调节"电平"旋钮使波形稳定，分别调节 Y 轴和 X 轴位移，从而得到清晰的图形且使波形显示值方便读取，将垂直衰减开关、水平扫描速度调到所需的位置，这样可以按垂直衰减(VOLTS/DIV)和水平扫描速度(TIME/DIV)的指示值直接计算被测信号的电压幅值(U_{P-P})和周期(T)。

以上为示波器的基本操作，通道 2 的操作与通道 1 的操作相同。

⑦示波器有五种显示方式：属单踪显示有"Y_1""Y_2""Y_1+Y_2"；属双踪显示有"交替"与"断续"。作双踪显示时，通常采用"交替"显示方式。仅当被观察信号频率很低时(如几十赫兹以下)，为在一次扫描过程中同时显示两个波形，才采用"断续"显示方式。

(4)双踪示波器测量电压、相位差方法

①测量直流电压时，将输入耦合方式选择为"DC"，从荧光屏上读出被测电压波形偏离零基准线的垂直格数(DIV)，根据示波器的垂直灵敏度 V/DIV(伏/格)，则被测电压幅值=灵敏度(V/DIV)×格数(DIV)。如图 2.6-7 所示，垂直灵敏度为 2V/DIV，输入波形偏离零基准线的高度为 3.6 格，则被测的直流电压值为 2×3.6=7.2V。若直线位于零基准线之上，所测电压为正；若直线位于零基准线之下，则所测电压为负。

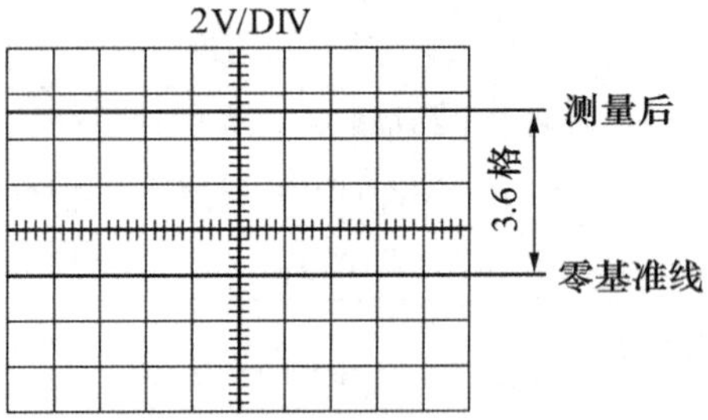

图 2.6-7 示波器测量直流电压示意图

②测量交流电压时，将输入耦合方式选择为"AC"，选择探头比、触发源，调节垂直灵敏度和水平扫描速度，让波形清晰稳定，如图 2.6-8 所示。此时所显示的波形峰-峰值间的高度为 5.6 格，垂直灵敏度为 1V/DIV，此时所测交流电压的峰-峰值为 $1\times5.6=5.6$V。数字示波器可直接显示电压幅值，不用计算。也可用光标测量法测量电压，将两条水平光标线移到两个测试点，直接在示波器上读数即可。

③ 测量时间时，首先将示波器的扫描速度 TIME/DIV(时间/格)的微调旋钮置于校准位置，调节 X 轴位移旋钮，让信号波形的测量点处于方便读数位置，从示波器屏幕上的 X 轴上读取水平格数(DIV)，根据调节的扫描速度 TIME/DIV(时间/格)，则

被测时间＝扫描速度(TIME/DIV)×格数(DIV)

图 2.6-8 所示信号一个周期共有 4.8 格，若"TIME/DIV(时间/格)"为 1ms/DIV，则此信号周期为 $1\times4.8=4.8$ms，则频率值为$(1/4.8)\times10^3=208.3$Hz。数字示波器可直接显示周期频率，不用计算，也可采用光标测量法测量。

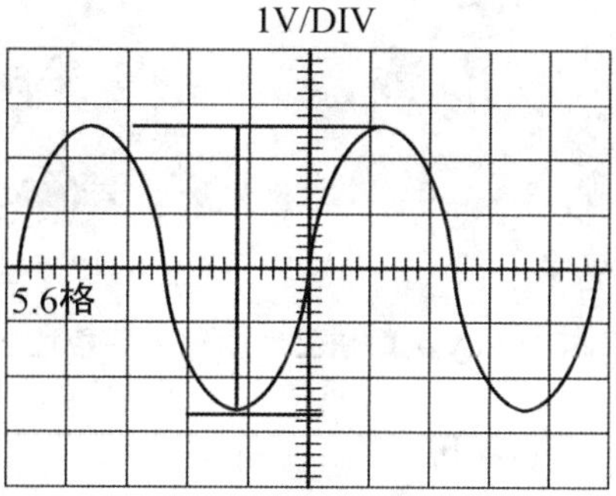

图 2.6-8　示波器测量交流电压、时间示意图

④ 测量同频率电信号的相位差时，先调节 Y 轴位移旋钮，让两个通道的扫描基线重合，将被测信号 u_1、u_2 分别接入 CH1 和 CH2 通道，调节波形清晰稳定，再调节 X 轴位移旋钮方便读数，若波形一个周期在水平方向的格数(DIV)为 m，两个信号波形在水平方向对应点间的格数(DIV)为 n，则两信号间的相位差$\varphi=\dfrac{360^\circ}{m}n$，如图 2.6-9 所示，$m=8$，$n\approx0.8$，则 φ 为 36°。

2.6.2.2　函数信号发生器

SG1651A 函数信号发生器是一台具有高度稳定性、多功能等特点的函数信号发生器，能直接产生正弦波、三角波、方波、斜波、脉冲波，波形对称可调并具有反向输出，直流电平可连续调节。TTL 可与主信号作同步输出。频率计可作内部频率显示，也可外测 1Hz～10.0MHz 的信号频率，电压用 LED 显示。

面板标志说明及功能见图 2.6-10 与图 2.6-11 及表 2.6-5。

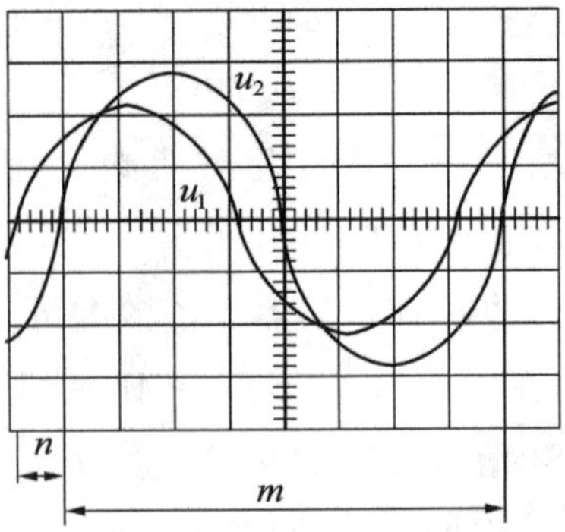

图 2.6-9　相位差的测量示意图

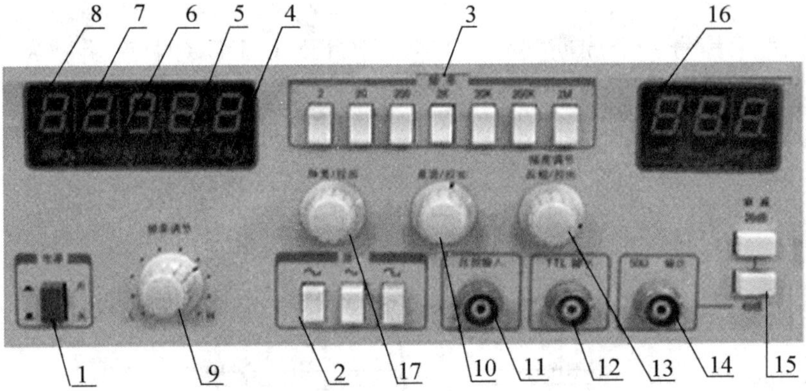

图 2.6-10　SG1651A 函数信号发生器前面板控制件位置图

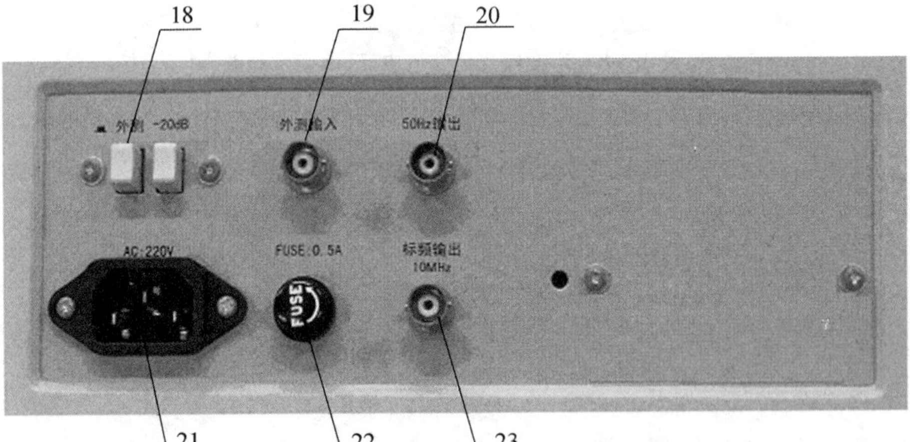

图 2.6-11　SG1651A 函数信号发生器后面板控制件位置图

表 2.6-5　SG1651A 函数信号发生器面板控制件的作用

序号	面板标志	名称	作用
1	电源	电源开关	按下开关，电源接通，电源指示灯发亮
2	波形	波形选择	输出波形选择； 与 13、20 配合可得到正、负向锯齿波和脉冲波
3	频率	频率选择开关	频率选择开关与“9”配合选择工作频率； 外测频率时选择闸门时间
4	Hz	频率单位	指示频率单位，灯亮有效
5	kHz	频率单位	指示频率单位，灯亮有效
6	闸门	闸门显示	此灯闪烁，说明频率计正在工作
7	溢出	频率溢出显示	当频率超过 5 个 LED 所显示范围时灯亮
8	频率显示	频率 LED	所有内部产生的频率或外测时的频率均由此 5 个 LED 显示
9	频率调节	频率调节	与“3”配合选择工作频率
10	直流/拉出	直流偏置调节旋钮	拉出此旋钮可设定任何波形的直流工作点，顺时针方向为正，逆时针方向为负，将此旋钮推进则直流电位为零
11	压控输入	压控信号输入	外接电压控制频率输入端
12	TTL 输出	TTL 电平输出	输出波形为 TTL 脉冲，可作同步信号
13	幅度调节 反相/拉出	幅度调节旋钮 斜波倒置开关	调节输出幅度大小； 与“20”配合使用，拉出时波形反向
14	50Ω 输出	信号输出	主信号波形由此输出，阻抗为 50Ω
15	衰减	输出衰减	按下按键可产生－20dB/－40dB 衰减
16	V_{P-P}	电压 LED	输出电压峰-峰值为显示值
17	脉宽/拉出	脉宽调节旋钮	拉出此旋钮，整机频率衰减 10 倍左右，拉出并调节此旋钮，可连续调节波形半周期的宽度
18	外测 －20dB	外接输入 衰减 20dB	频率计内测和外测频率(按下)信号选择； 外测频率信号衰减选择，按下时信号衰减 20dB
19	外测输入	计数器外信号输入端	外测频率时，信号由此输入
20	50Hz 输出	50Hz 固定信号输出	50Hz 固定频率正弦波由此输出
21	AC220V	电源插座	50Hz、220V 交流电源由此输入
22	FUSE：0.5A	电源保险丝盒	安装电源保险丝
23	标频输出 10MHz	标频输出	10MHz 标频信号由此输出

2.6.2.3 数字交流毫伏表

交流毫伏表具有高阻抗、测量频率范围大、精度高等特点，在实验中主要用来测量正弦交流电路中的电压，其读数为有效值。如本实验使用的交流毫伏表测量频率范围为1Hz～2MHz，工作电压范围为1mV～400V，而一般万用表的测量频率范围只是几十赫兹到几百赫兹，故测量时需选用与被测信号的频率相适应的仪表，不要将一般万用表与交流毫伏表混用。注意交流毫伏表的仪表指示的读数是按正弦交流电的有效值刻度的，因此其测试对象限于正弦交流电压。

测量前应先把量程开关置较大量程挡位然后调零，并逐渐减小量程挡位。测量时，输入端不能接反，即：红接线夹必须接正极，黑接线夹必须接负极（地）。

2.6.3 预习要求

(1)阅读有关示波器部分内容。

(2)阅读电子学实验装置的功能及使用方法说明。

2.6.4 实验内容

2.6.4.1 测量示波器内的校准信号

用机内校准信号（方波 $f=1\text{kHz}\pm2\%$）、电压幅度（$1\text{V}\pm30\%$）对示波器进行自检。

(1)调出波形

①将示波器校准信号输出端通过专用电缆与 Y_1（或 Y_2）输入插口接通，调节示波器各有关旋钮，将触发方式开关置“自动”位置，触发源选择开关置“内”，内触发选择开关置常态，对校准信号的频率和幅值正确选择扫速开关(t/div)及 Y 轴灵敏度开关(V/div)位置，则在荧光屏上可显示出一个或数个周期的方波。

②分别将触发方式开关置“高频”和“常态”位置，并同时调节触发电平旋钮，调出稳定波形，并体会三种触发方式的操作特点。

(2)校准“校准信号”幅度

将 Y 轴灵敏度微调旋钮置“校准”位置，Y 轴灵敏度开关置适当位置，读取校准信号幅度，记入表 2.6-6 中。

表 2.6-6 校准信号测量记录表

	标准值 *	实测值
幅度	1V(P—P)	
频率	1kHz	
上升沿时间	$\leqslant 2\mu s$	
下降沿时间	$\leqslant 2\mu s$	

注：不同的型号示波器标准值可以有所不同，以上只是给初学者一个格式。请视不同的示波器填入不同的标称值。

(3)校准“校准信号”频率

将扫速微调旋钮置“校准”位置，扫速开关置适当位置，读取校准信号周期，记入表 2.6-6 中。

(4)测量校准信号的上升沿时间和下降沿时间

调节“Y 轴灵敏度”开关位置及微调旋钮，并移动波形，使方波波形在垂直方向上正好占据中心轴，且上、下对称，便于阅读。通过扫速开关逐级提高扫描速度，使波形在 X 轴方向扩展(必要时可以利用“扫速扩展”开关将波形再扩展 10 倍)，并同时调节触发电平旋钮，从荧光屏上清楚地读出上升时间和下降时间，记入表 2.6-6 中。

2.6.4.2　测量信号源输出电压波形及频率

令信号源输出的频率分别为 100Hz、1kHz、10kHz、100kHz(数字频率计测量值)，有效值均为 1V(交流毫伏表测量)。

改变示波器扫速开关及 Y 轴灵敏度开关位置，测量信号源输出电压频率及峰-峰值，记入表 2.6-7 中。

表 2.6-7　输出信号记录表

信号电压频率计读数	实测值		信号电压毫伏表读数/V	实测值	
	周期/ms	频率/Hz		峰-峰值/V	有效值/V
100Hz					
1kHz					
10kHz					
100kHz					

2.6.4.3　用示波器测量两波形间相位关系

(1)观察双踪显示波形“交替”与“断续”两种显示方式的特点

Y_1、Y_2 均不加输入信号，扫速开关置扫速较低挡位(如 0.5 s/div 挡)和扫速较高挡位(如 5μs/div 挡)，把“显示方式”开关分别置于“交替”和“断续”位置，观察两条扫描线的显示特点，记录下来。

(2)用双踪示波器测量两波形间相位关系示波器

①按图 2.6-12 连接实验电路，将信号源的输出电压调至频率为 1kHz，幅值为 2V，经 RC 移相网络获得频率相同但相位不同的两路信号 U_i 和 U_R，分别加到示波器的 Y_1 和 Y_2 输入端。

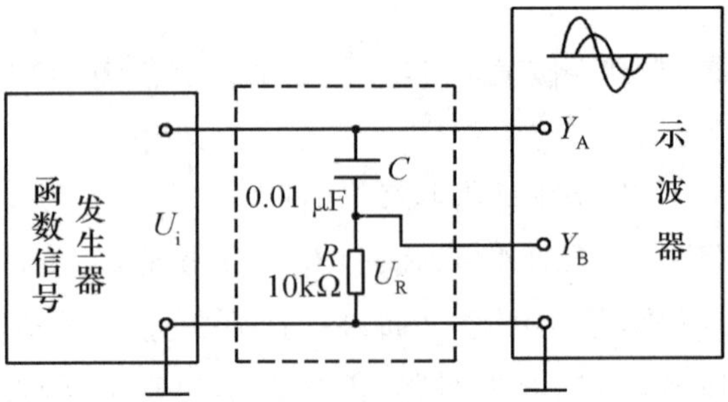

图 2.6-12 RC 移相电路实验电路图

②把显示方式开关置“交替”挡位，将 Y_1 和 Y_2 输入耦合方式开关置“⊥”挡位，调节 Y_1、Y_2 的↑↓移位旋钮，使两条扫描基线重合，再将 Y_A、Y_B 输入耦合方式开关置“AC”挡位，调节扫速开关及 Y_1、Y_2 灵敏度开关位置，同时将内触发源选择(Y_2)开关拉出，此时在荧屏上将显示出 U_i 和 U_R 两个相位不同的正弦波形，读出波形一个周期在水平方向的格数(DIV)为 m，两个信号波形在水平方向对应点间的格数(DIV)为 n，填入表 2.6-8 中。

表 2.6-8 相位差测量计算表

一周期格数	两波形在 X 轴相差格数	相位差	
		实测值	计算值
$m=$	$n=$	$\varphi=$	$\varphi=$

2.6.5 实验报告

(1)整理实验数据，并进行分析。

(2)问题讨论：

①双踪示波器采用“常态”、“自动”两种触发方式有什么区别？通过实验对它们的操作特点及适用场合加以总结。

②分析内触发源选择开关置于常态和 Y_2 时，稳定不同输入通道(Y_1 和 Y_2)波形的影响。

③用双踪显示波形，并要求比较相位时，为在荧光屏上得到稳定波形，应怎样选择下列开关的位置？

a. 显示方式选择(Y_1，Y_2，Y_1+Y_2，交替，断续)；

b. 触发方式(常态，自动)；

c. 触发源选择(内,外);

d. 内触发源选择(Y_1,Y_2,交替)。

2.6.6　实验仪器及器件

(1)信号源(自备);

(2)双踪示波器(自备);

(3)交流毫伏表。

2.7 RC 一阶电路的响应测试

2.7.1 实验目的

(1)测定 RC 一阶电路的零输入响应、零状态响应及全响应;
(2)学习电路时间常数的测量方法;
(3)掌握有关微分电路和积分电路的概念;
(4)进一步掌握用示波器观测波形。

2.7.2 实验原理

储能元件又称动态元件,含有储能元件的电路又称为动态电路。储能元件电压与电流之间是微分关系,分析动态电路要用微分方程。如果电路中只含有一个储能元件(电感或电容),所列的方程是一阶微分方程,因此含一个储能元件的电路称为一阶电路。

2.7.2.1 RC 一阶电路的三种响应

电路的接通、断开以及电源或者电路元件参数的变化统称为换路。换路会使电路由一种状态过渡到另一种状态。如果电路中有储能元件,储能元件状态的变化反映出它所存储能量的变化。能量的变化要经过一段时间,因此电路由一种状态过渡到另一种状态需要一个过程。这个过程称为过渡过程。

(1)零输入响应

当电路的输入为零时,响应是由储能元件所储存的能量产生的,这种响应成为零输入响应。如图 2.7-1 所示的电路中,开关 K 在换路前接在 1 端,电源通过电阻 R_S 对其充电,换路前电路处于稳态,即电容的电压已经达到 U_S。在 $t=0$ 时开关迅速由 1 端到 2 端。已经充电的电容器脱离电压源与电阻 R 连接,即换路后的电路如图 2.7-1(b)所示。换路后电路中的电压电流由电容器的储能产生的。RC 电路的零输入响应实际上是电容器放电的过程。

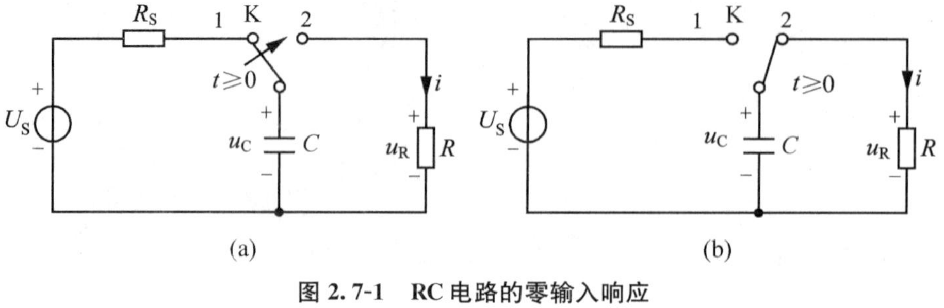

图 2.7-1 RC 电路的零输入响应

建立图 2.7-1(b)关于 u_C 的微分方程如下：

$$RC\frac{du_C}{dt}+u_C=0,t\geqslant 0$$

根据初始条件可得方程的解

$$u_C=U_S e^{-\frac{t}{RC}}$$

u_C 的变化曲线如图 2.7-3(a)所示。

(2)零状态响应

电路的初始状态为零，即电容或电感的初始储能为零，由外加激励引起的响应称为零状态响应。如图 2.7-2 所示，$u_C(0)=0$，当 $t=0$ 时开关 K 闭合，电源 U_S 接入 RC 电路。电路中的电压、电流是由激励 U_S 引起的，建立图 2.7-2 关于 u_C 微分方程如下：

$$RC\frac{du_C}{dt}+u_C=U_S,t\geqslant 0$$

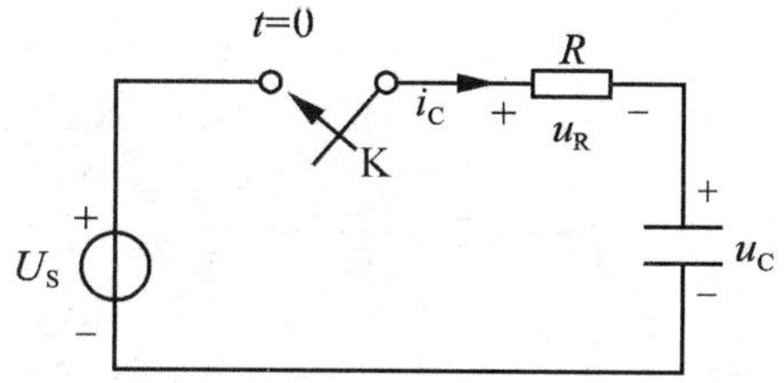

图 2.7-2　RC 电路的零状态响应

根据初始条件，该微分方程的解为：

$$u_C=U_S(1-e^{-\frac{t}{RC}})$$

u_C 的变化曲线如图 2.7-3(b)所示。

(3)全响应

一阶电路中既有外加激励，又有内部储能元件的初始储能，在两者共同作用下而产生的响应，称为一阶电路的全响应。根据叠加定理，一阶电路的全响应又可以分解为零输入响应和零状态响应的叠加。

全响应＝零输入响应＋零状态响应

$$u_C=u_C(0+)e^{-\frac{t}{RC}}+u_C(\infty)(1-e^{-\frac{t}{RC}})$$

2.7.2.2　电路时间常数的测量

动态网络的过渡过程是十分短暂的单次变化过程。要用普通示波器观察过渡过程和测量有关的参数，就必须使这种单次变化的过程重复出现。利用信号发生器输出的方波来模拟阶跃激励信号，即利用方波输出的上升沿作为零状态响应的正阶跃激励信号；利用方波的下降沿作为零输入响应的负阶跃激励信号。

只要选择方波的重复周期远大于电路的时间常数 τ，那么电路在这样的方波序列脉冲信号的激励下，它的响应就和直流电接通与断开的过渡过程是基本相同的。

图 2.7-3(a)、(b)所示的 RC 一阶电路的零输入响应和零状态响应分别按指数规律衰减和增长，其变化的快慢取决于电路的时间常数 τ。时间常数 τ 的测定方法如下：

用示波器测量零输入响应的波形如图 2.7-3(a)所示。根据一阶微分方程的求解得知 $u_C=u_C(0+)e^{-\frac{t}{RC}}=u_C(0+)e^{-\frac{t}{\tau}}$。当 $t=\tau$ 时，$u_C(\tau)=0.368u_C(0+)$。此时所对应的时间就等于 τ。亦可用零状态响应波形增加到 $0.632u_{C\infty}$ 所对应的时间测得，如图 2.7-3(b)所示。

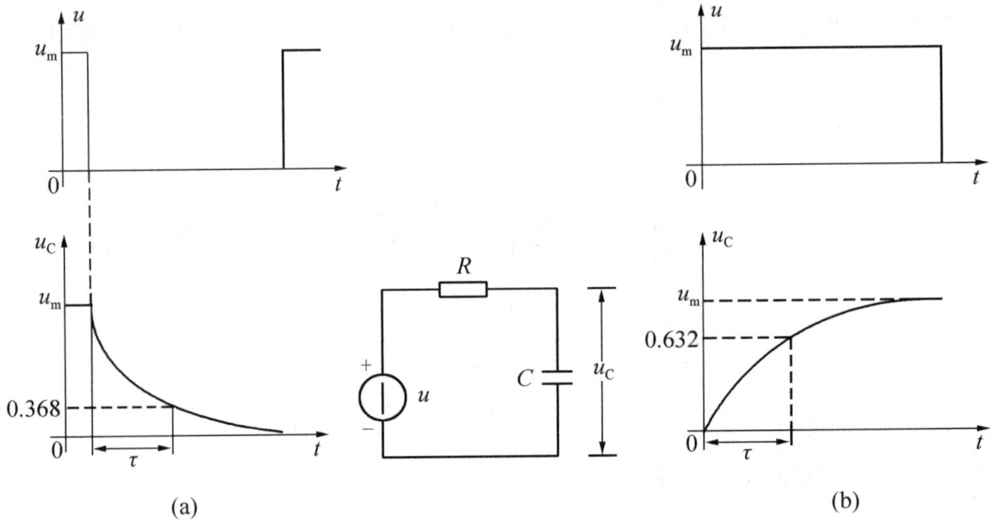

图 2.7-3 RC 一阶电路

(a)零输入响应；(b)零状态响应

2.7.2.3 微分电路与积分电路

微分电路和积分电路是 RC 一阶电路中较典型的电路，它对电路元件参数和输入信号的周期有着特定的要求。一个简单的 RC 串联电路，在方波序列脉冲的重复激励下，当满足 $\tau=RC\gg T/2$ 时（T 为方波脉冲的重复周期），且由 R 两端的电压作为响应输出，则该电路就是一个微分电路。因为此时电路的输出信号电压与输入信号电压的微分成正比，如图 2.7-4(a)所示。利用微分电路可以将方波转变成尖脉冲。

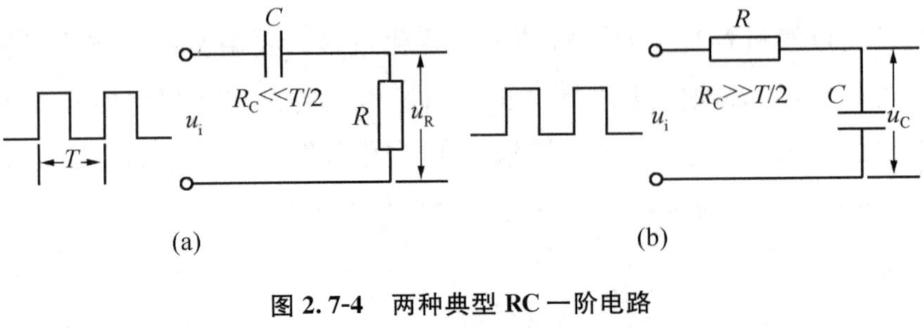

图 2.7-4 两种典型 RC 一阶电路

(a)微分电路；(b)积分电路

若将图 2.7-4(a)中的 R 与 C 位置调换一下，如图 2.7-4(b)所示，由 C 两端的电压作为响应输出，且当电路的参数满足 $\tau=RC\gg T/2$ 时，该 RC 电路称为积分电路。因为此时电路的输出信号电压与输入信号电压的积分成正比。利用积分电路可以将方波转变成三角波。从输入输出波形来看，上述两个电路均起着波形变换的作用，请在实验过程中仔细观察与记录。

2.7.3　预习要求

(1)复习 RC 一阶电路零输入响应、零状态响应的特点。

(2)已知 RC 一阶电路的 $R=10\ \text{k}\Omega, C=0.01\ \mu\text{F}$，试计算时间常数 τ，并根据 τ 值的物理意义，拟定测量 τ 的方案。

(3)熟悉示波器的使用方法。

2.7.4　实验内容

实验电路图如图 2.7-5 所示，图中的电阻 R、电容 C 从 EEL-52 组件上选取。

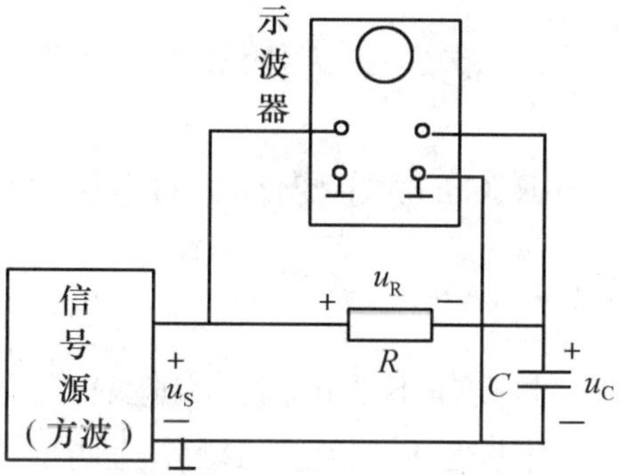

图 2.7-5　实验电路图

用双踪示波器观察电路激励(方波)信号和响应信号。u_S 为方波输出信号，将信号源的“波形选择”开关置方波信号位置上，将信号源的信号输出端与示波器探头连接，接通信号源电源，调节信号源的频率旋钮(包括“频段选择”开关、频率粗调和频率细调旋钮)，使输出信号的频率为 1 kHz(由频率计读出)，调节输出信号的“幅值调节”旋钮，使方波的峰-峰值 $U_{P-P}=2V$，固定信号源的频率和幅值不变。

(1)RC 一阶电路的充、放电过程

①测量时间常数：令 $R=10\ k\Omega, C=0.01\ \mu F$，用示波器观察激励 u_S 与响应 u_C 的变化规律，并用坐标纸按 1∶1 的比例描绘波形。测量并记录时间常数 τ。

②观察时间常数(即电路参数 R、C)对暂态过程的影响：令 $R=10\ k\Omega, C=0.01\ \mu F$，观察并描绘响应的波形，继续增大 C(取 0.022 μF)或增大 R(取 100 $k\Omega$)，定性地观察对

响应的影响。

(2)微分电路和积分电路

①积分电路:令 R=100 $k\Omega$,C=0.1 μF,用示波器观察激励 u_S 与响应 u_C 的变化规律,并用坐标纸按 1∶1 的比例描绘波形。

②微分电路:将实验电路中的 R、C 元件位置互换,令 R=1 $k\Omega$,C=0.01 μF,用示波器观察激励 u_S 与响应 u_R 的变化规律,并用坐标纸按 1∶1 的比例描绘波形。

2.7.5 实验报告要求

(1)根据实验内容(1)①观测结果,绘出 RC 一阶电路充、放电时 u_C 与激励信号对应的变化曲线,由曲线测得 τ 值,并与参数值的理论计算结果作比较,分析误差原因。

(2)根据实验内容(2)观测结果,绘出积分电路、微分电路输出信号与输入信号对应的波形,并归纳、总结积分电路和微分电路的形成条件,阐明波形变换的特征。

(3)回答思考题。

2.7.6 思考题

(1)用示波器观察 RC 一阶电路零输入响应和零状态响应时,为什么激励必须是方波信号?

(2)在 RC 一阶电路中,当 R、C 的大小变化时,对电路的响应有何影响?

2.7.7 实验注意事项

(1)调节电子仪器各旋钮时,动作不要过猛。实验前,还须熟读仪器的使用说明,特别是观察双踪示波器时,要特别注意开关旋钮的操作与调节,以及示波器探头的地线不允许同时接不同电势。

(2)信号源的接地端与示波器的接地端要连在一起(称共地),以防外界干扰而影响测量的准确性。

(3)示波器的辉度不应过亮,尤其是光点长期停留在荧光屏上不动时,应将辉度调暗,以延长示波管的使用寿命。

2.7.8 实验仪器和器材

(1)双踪示波器(自备);

(2)信号源(方波输出);

(3)*EEL*-52 组件;

(4)*EEL*-51 组件。

2.8　交流电路等效参数的测定

2.8.1　实验目的

(1)学会使用交流数字仪表(电压表、电流表、功率表)和自耦调压器；

(2)学会用交流数字仪表测定交流电路参数的方法。

2.8.2　实验原理

(1)三表法

交流电路中，可以用交流电压表、交流电流表和功率表分别测出元件(或负载)两端的电压 U、流过的电流 I 和它所消耗的有功功率 P 之后，再通过计算得出元件的阻抗值或负载的等效阻抗值，其关系式为：

阻抗模　$$|Z|=\frac{U}{I}$$

功率因数　$$\lambda=\cos\varphi=\frac{P}{UI}$$

等效电阻　$$R=\frac{P}{I^2}=|Z|\cos\varphi$$

电感元件的感抗　$$X_L-\frac{U_L}{I},\text{电感 } L-\frac{X_L}{2\pi f}$$

其中，f 为电源频率。

电容元件的容抗　$$X_C=\frac{U_C}{I},\text{电容 } C=\frac{1}{2\pi f X_C}$$

等效电抗　$$X=\pm|Z|\sin\varphi \text{ 或 } X=\pm\sqrt{|Z|^2-R^2}$$

这种测量方法需要使用三种电表，故简称为三表法，它是测定负载阻抗的基本方法。

(2)电路功率用功率表测量

功率表(又称为瓦特表)是一种电动式仪表，它有两个测量线圈，一个是有两个量限的电流线圈，测量时与负载串联；另一个是有三个量限的电压线圈，测试时应与负载并联。

功率表的转矩方向与两个线圈中的电流方向有关，在电流线圈和电压线圈的一个端钮上都标有“ * ”标记。正确的连接方法：将有“ * ”标记的两个端钮接在电源的同一端，电流线圈的另一端接至负载端，电压线圈的另一端接至负载的另一端并且连至电源的另一端，如图 2.8-1 所示。本实验使用数字式功率表，连接方法与电动式功率表相同，电压、电流量程分别选 450V 和 3A。

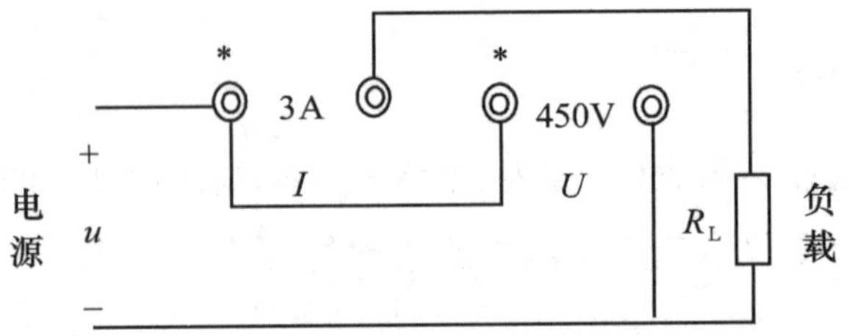

图 2.8-1 功率表的连接示意图

注意：工程实践中功率表量程的选择须根据所测负载的电压和电流大小分别选择其电压量程和电流量程。选择功率表量程时，必须保证 U、I 的值均不可过载。

(3)单相调压器

单相调压器又名可调压的单相自耦变压器，是实验室用来调节单相交流电压的常用设备。图 2.8-2 为单相调压器的外形示意图。使用时，输入电源接在调压器原边的 1、2 端，输出从与输入端 2 相连的 3 端和滑动端 4 引出。改变连接滑块手柄的位置，副边输出电压亦随之改变，其值可以从零调到稍高于原边的输入电压值。例如，若原边为 220V，副边电压可以从 0～250V 之间连续调节。

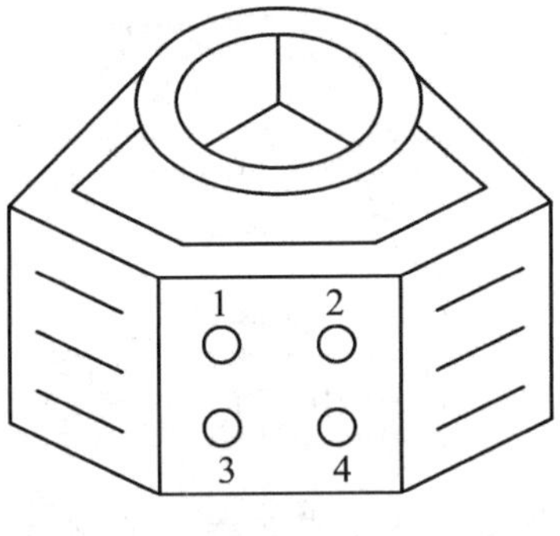

图 2.8-2 单相调压器的外形示意图

使用单相调压器时要注意下述事项：

①电源电压必须接到变压器的输入端，并且要与输入端标明的电压值相符，绝对不可将电源接在调压器的两个输出端子上。（实验台上的单相调压器原边已经与交流电源连接好，无须实验者自己连接，板面上只露出了两个输出端子。）

②为了安全，电源中线应接在输入与输出的公共端钮上。使用时，每次都应该从零开始逐渐升压，直到所需的电压值。因此，接通电源前，调压器的手柄位置应在零位；使用完毕后，也应随手把手柄调回到零位，然后断开电源。

(4)负载性质的判定

从三表法测得的 U、I、P 的数值还不能判别被测负载属于容性还是感性，一般可以用下列方法加以确定。

①在被测元件两端并接一只适当容量的试验电容器，若电流表的读数增大，则被测元件为容性；反之则为感性。

试验电容器的电容量 C'可根据下列不等式选定：

$$B'<2|B|$$

式中 B'为试验电容器的容纳；B 为被测负载的等效电纳。

②利用示波器观察负载的电流及端电压之间的相位关系，电流超前电压为容性，电流滞后电压为感性。

③电路中接入功率因数表或数字相位仪，从表上直接读出被测阻抗的 $\cos\varphi$ 值或阻抗角，读数超前为容性，读数滞后为感性。

本实验采用并接试验电容器的办法来判别被测负载的性质。前述交流参数的计算公式是在忽略仪表内阻的情况下得出的。和伏安法类似，三表法也有两种接线方式，如图 2.8-3 所示。若考虑到仪表的内阻，测量结果中显然存在方法误差，必要时需加以校正。对于图 2.8-3(a)的电路，校正后的参数为

$$R'=R-R_{\mathrm{I}}=\frac{P}{I^2}-R_{\mathrm{I}}$$

$$X'=X-X_{\mathrm{I}}=\sqrt{\left(\frac{U}{I}\right)^2-\left(\frac{P}{I^2}\right)^2}-X_{\mathrm{I}}$$

式中，R、X 为校正前根据测量计算得出的电阻值和电抗值；R_{I}、X_{I} 为电流表线圈及功率表电流线圈的等效电阻值和等效电抗值。

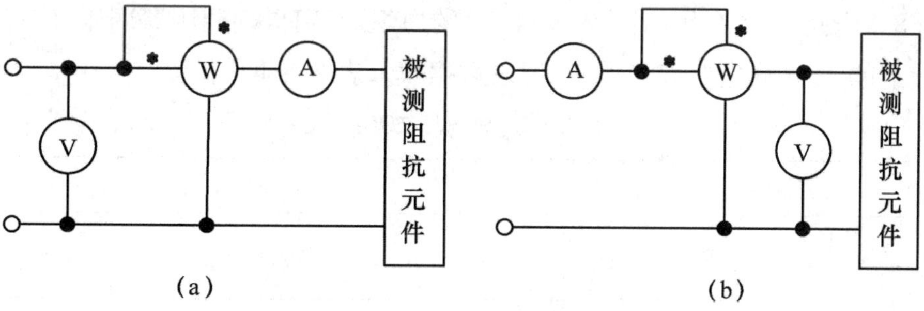

图 2.8-3　三表的连接电路图

(a)电流表内接法；(b)电流表外接法

对于图 2.8-3(b)电路，校正后的参数为

$$G'=G-G_U=\frac{P}{U^2}-G_U$$

一般情况下，电压表和功率表电压线圈的电抗可以忽略，因此

$$B'=B=\sqrt{\left(\frac{I}{U}\right)^2-\left(\frac{P}{U^2}\right)^2}$$

式中 G、B 为校正前根据测量计算得出的电导值和电纳值；G_U 为电压表线圈及功率表电压线圈支路并联的等效电导。

2.8.3　预习要求

(1)了解功率表的连接方法。

(2)了解自耦调压器的操作方法。

2.8.4　实验内容

实验电路如图 2.8-4 所示，功率表的连接方法见图 2.8-1，交流电源经自耦调压器调压后向负载 Z 供电。

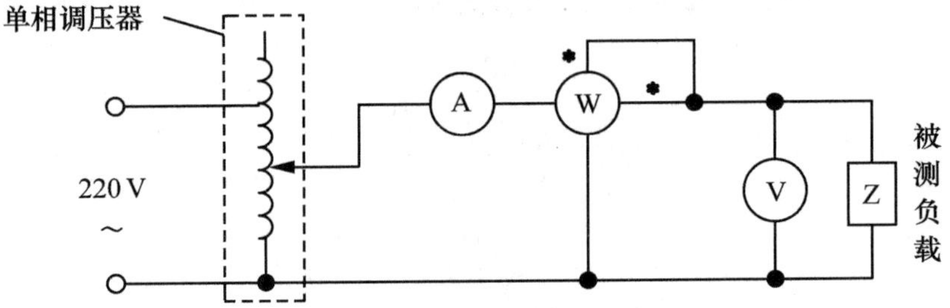

图 2.8-4　实验电路图

(1)测量白炽灯的电阻

图 2.8-4 电路中的 Z 为一个 220V、40W 的白炽灯，用自耦调压器调压，使 U 为 220V (用电压表测量)，并测量电流和功率，记录数据填入表 2.8-1 中。

表 2.8-1　白炽灯交流参数

被测元件	测得值			计算值						
	U/V	I/mA	P/W	$\cos\varphi$	$\lvert Z\rvert/\Omega$	R/Ω	X/Ω	$\lvert Y\rvert$/ms	G/ms	B/ms
白炽灯	220V									
白炽灯	110V									

将电压 U 调到 110V，重复上述实验。

(2)测量电容器的容抗

将图 2.8-4 电路中的 Z 换为 4.3 μF 的电容器(改接电路时必须断开交流电源),将电压 U 调到 100 V,测量电压、电流和功率,记录数据填入表 2.8-2。

表 2.8-2　电容器交流参数

被测元件	测得值			计算值						
	U/V	I/mA	P/W	$\cos\varphi$	$\lvert Z\rvert/\Omega$	R/Ω	X/Ω	$\lvert Y\rvert$/ms	G/ms	B/ms
电容器(4.3 μF)										
电容器(0.47 μF)										

将电容器换为 0.47 μF,重复上述实验。

(3)判断元件性质

将图 2.8-4 电路中的 Z 换为 15 mH 电感与 4.3 μF 电容元件串联(或并联),分别用两种方法判断负载 Z 的性质。

2.8.5　实验报告要求

(1)根据实验测得数据,分析与计算各元件的交流参数。

(2)回答思考题。

2.8.6　思考题

(1)在 50 Hz 的交流电路中,测得一只铁心线圈的 P、I 和 U,如何计算得出它的电阻值及电感量?

(2)用三表法测参数时,为什么在被测负载两端并接试验电容器可以判断负载的性质?试用相量图加以说明。

2.8.7　注意事项

(1)单相调压器使用之前,先把电压调节手轮调至零位,接通电源后再从零位开始逐渐升压。做完每一项实验之后,随手把调压器调回零位,然后断开电源。

(2)在表 2.8-2 的计算值中,注意 X 和 B 的正负号。

(3)本实验中电源电压较高,必须严格遵守安全操作规程,身体不要触及带电部位,以保证安全。

2.8.8 实验仪器和器材

(1)交流电压表、电流表、功率表、功率因素表；

(2)自耦调压器(输出可调的交流电压)；

(3)EEL-55A(三相)、白炽灯(灯泡)；

(4)EEL-51R、4.3μF 电容器。

2.9　日光灯电路功率因数提高方法的研究

2.9.1　实验目的

(1)理解改善电路功率因数的意义并掌握其方法。

(2)了解日光灯电路的工作原理,掌握日光灯线路的接线。

2.9.2　实验原理

(1)日光灯电路

日光灯电路如图 2.9-1 所示,由日光灯管 R、镇流器 L(带铁芯的电感线圈)、启辉器 S组成。

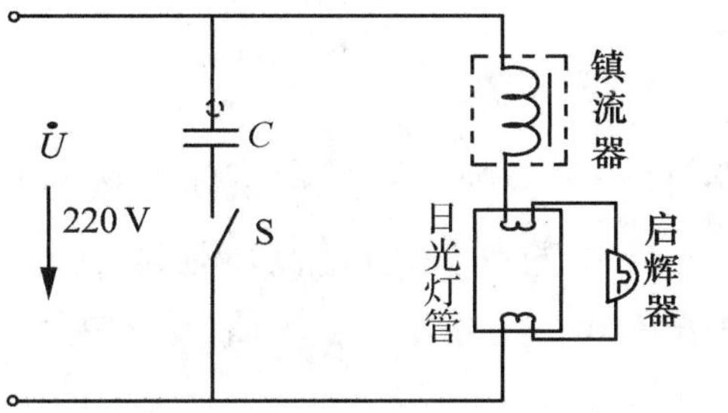

图 2.9-1　日光灯电路

日光灯管是一根内壁均匀涂有荧光物质的细长玻璃管,管的两端装有灯丝电极,灯丝上涂有受热后易于发射电子的氧化物,管内充有稀薄的惰性气体和水银蒸气。镇流器为一带有铁芯的电感线圈。启辉器由一个辉光管和一个小容量的电容器组成,它们装在一个圆柱形的外壳内。

(2)日光灯的工作原理

当接通电源时,由于日光灯没有点亮,电源电压全部加在启辉器辉光管的两个电极间使辉光管放电,放电产生的热量使倒 U 形电极受热趋于伸直,两电极接触,这时日光灯的灯丝通过此电极以及镇流器和电源构成一个回路,灯丝因有电流(称为启动电流或预热电流)通过而发热,从而使氧化物发射电子。同时,辉光管的两个电极接通时,电极间电压为零,辉光管放电停止,倒 U 形电极因温度下降而复原,两电极脱开,回路中的电流突然被切断,于是在镇流器两端产生一个比电源电压高得多的感应电压。这个感应电压连同电源电压一起加在灯管两端,使管内的惰性气体电离而产生弧光放电。随着管内温度的逐渐升高,水银蒸气游离并猛烈地碰撞惰性气体分子而放电。水银蒸气弧光放电时,辐射出不可见的紫外线,紫外线激活灯管内壁的荧光粉后发出可见光。

(3)日光灯功率因数的提高

日光灯电路为感性负载,其功率因数很低,一般在 0.3～0.4 之间。因此为提高电源的利用率和减少供电线路的损耗,必须进行无功补偿,以提高线路的功率因数。

提高功率因数的方法,除改善负载本身的工作状态、设计合理外,由于工业负载基本都是感性负载,因此常用的方法是在负载两端并联电容器组,以补偿无功功率,提高线路的功率因数。

2.9.3 预习要求

(1)复习并理解提高功率因数的意义和提高功率因数的一般方法。

(2)了解日光灯的工作原理,学会安装和检修日光灯电路。

2.9.4 实验内容

(1)日光灯电路接线与测量

按图 2.9-2 组成电路,经指导教师检查后按下闭合按钮开关,调节自耦调压器的输出电压,使其输出电压缓慢增大,直到日光灯管启辉点亮为止,记下三表的值。将电压调至 220V,测量功率 P,电流 I,电压 U、U_L、U_A 等值,填入表 2.9-1 中。

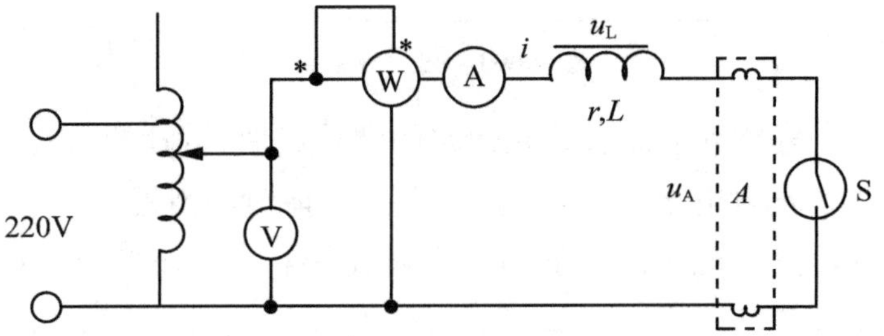

图 2.9-2 日光灯参数测量实验电路

表 2.9-1 日光灯电路参数

	测量参数					计算参数
	P/W	I/A	U/V	U_L/V	U_A/V	$\cos\varphi$
启辉值						
正常工作值						

(2)并联电路——电路功率因数的改善

按图 2.9-3 组成实验线路。经指导教师检查后接通实验台电源,将自耦调压器的输出电压调至 220V,记录功率表、电压表读数。通过一只电流表和三个电流插座分别测得三条支路的电流，改变电容值，进行三次重复测量。数据记入表 2.9-2 中。

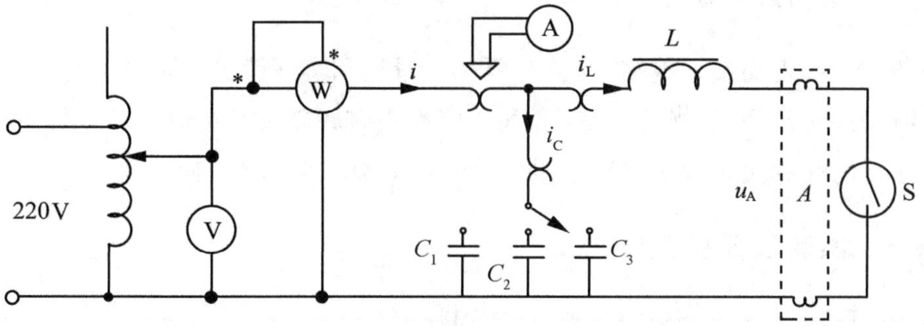

图 2.9-3　日光灯功率因数提高实验电路

表 2.9-2　日光灯电路功率因数提高实验数据

电容值	测量参数					计算参数	
μF	P/W	I/A	U/V	U_L/V	U_A/V	I/A	$\cos\varphi$

2.9.5　实验报告要求

(1)完成数据表格中的计算，进行必要的误差分析，回答思考题。

(2)讨论改善电路功率因数的意义和方法。

(3)记录装接日光灯电路的心得体会及其他。

2.9.6　思考题

(1)为了提高电路的功率因数，常在感性负载上并联电容器，此时增加了一条电流支路，试问电路的总电流是增大还是减小了，此时感性元件上的电流和功率是否改变？

(2)提高电路功率因数为什么只采用并联电容器法，而不采用串联电容器法？所并联的电容器是否越大越好？

(3)在日常生活中，当日光灯上缺少了启辉器时，人们常用一导线将启辉器的两端短接一下，然后迅速断开，使日光灯点亮；或可以用一个启辉器去点亮多支同类型的日光灯，这是为什么？

2.9.7 实验注意事项

(1)功率表要正确接入电路,读数时要注意量程和实际读数的折算关系。

(2)电路接线正确,日光灯不能启辉时,应检查启辉器及其接触是否良好。

(3)通电前确定交流调压器输出电压为零(即调压器逆时针旋到底)。

2.9.8 实验仪器和器材

(1)交流电压表、电流表、功率表、功率因数表;

(2)调压器;

(3)30 W 镇流器、400 V/4.7 μF 电容器、电流插头、25 W/220 V 白炽灯。

2.10 RLC 串联谐振电路

2.10.1 实验目的

(1)理解电路发生谐振的条件、特点;掌握电路品质因数(电路 Q 值)、通频带的物理意义及其测定方法。

(2)学习用实验方法绘制 RLC 在串联电路不同 Q 值下的幅频特性曲线。

(3)熟练使用信号源、频率计。

2.10.2 实验原理

RLC 串联电路(图 2.10-1)的阻抗是电源角频率 ω 的函数,即

$$Z=R+\mathrm{j}\left(\omega L-\frac{1}{\omega C}\right)=|Z|\angle\varphi$$

当 $\omega L-\dfrac{1}{\omega C}=0$ 时,电路处于谐振状态,谐振角频率为 $\omega_0=\dfrac{1}{\sqrt{LC}}$。

谐振频率为

$$f_0=\frac{1}{2\pi\sqrt{LC}}$$

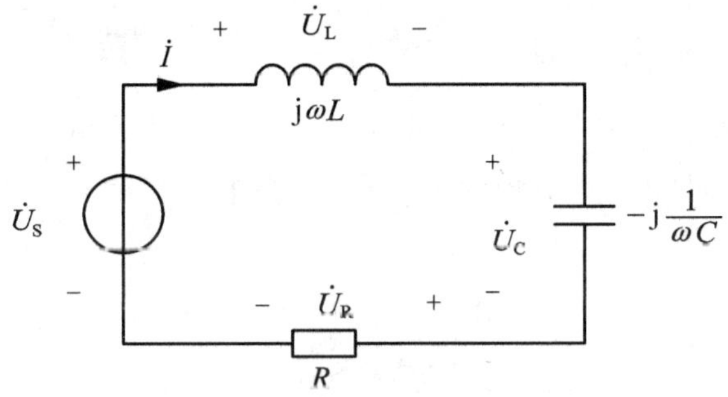

图 2.10-1 RLC 串联电路

欲使电路达到谐振,可采取调节外加电源频率,或者调节电路参数 L 或 C 的方法。在实际电路中,调节电容 C 比较方便。当 $\omega<\omega_0$ 时,电路呈现容性,阻抗角 $\varphi<0$;当 $\omega>\omega_0$ 时,电路呈现感性,阻抗角 $\varphi>0$。

(1)电路处于谐振状态时的特性

①由于回路总电抗 $X_0=\omega_0 L-\dfrac{1}{\omega_0 C}=0$,因此,回路阻抗模 $|Z_0|$ 为最小值。

②端口电压与电流同相位。

③在端口电压(有效值)不变的情况下,回路中的电流 $I=\dfrac{U_S}{R}$ 为最大。

④由于感抗 $\omega_0 L$ 与容抗 $\frac{1}{\omega_0 C}$ 相等，所以电感上的电压 U_L 与电容上的电压 U_C 数值相等，相位相差 180°，故 $\dot{U}_L+\dot{U}_C=0$。谐振时感抗（或容抗）与电阻 R 之比称为 RLC 串联谐振电路的品质因数 Q，即

$$Q=\frac{\omega_0 L}{R}=\frac{1}{\omega_0 CR}=\frac{1}{R}\sqrt{\frac{L}{C}}$$

可见，在 L 和 C 为定值的条件下，Q 值仅仅取决于回路电阻 R 的大小。

(2)串联谐振电路的频率特性

以回路电流作为响应（输出），则电流有效值与激励电源电压的有效值之比称为电流的幅频特性，表达式为

$$\frac{I(\omega)}{U_S(\omega)}=\frac{1}{\sqrt{R^2+\left(\omega L-\frac{1}{\omega C}\right)^2}}=\frac{1}{R\sqrt{1+Q^2\left(\frac{\omega}{\omega_0}-\frac{\omega_0}{\omega}\right)^2}}$$

表明这一关系的图形为电流的幅频特性曲线。

为了反映一般情况，通常研究电流比 $A=I/I_0$ 与角频率比 ω/ω_0 之间的函数关系，即

$$\frac{I}{I_0}=\frac{1}{\sqrt{1+Q^2\left(\frac{\omega}{\omega_0}-\frac{\omega_0}{\omega}\right)^2}}$$

式中，I_0 为谐振时的回路响应电流。

如图 2.10-2 所示，在 $f=f_0$ 时 $A=1$，在 $f=f_L$ 或 $f=f_H$ 时 $A=0.707$，呈带通特性。即 $I=0.707I_0$ 所对应的两个频率 f_L 和 f_H 为下限频率和上限频率，f_H 与 f_L 之间为通频带。

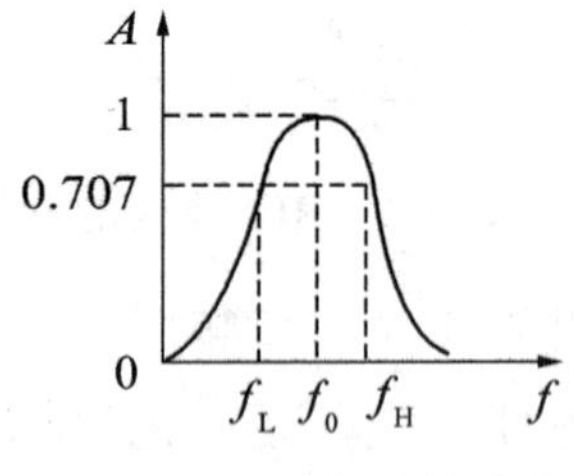

图 2.10-2　幅频特性曲线

当电路的 L 和 C 保持不变时，改变 R 的大小，可以得出不同 Q 值时电流的幅频特性曲线（图 2.10-3）。显然，Q 值越大，曲线越陡。Q 值越高相对通频带越窄，电路对信号的选择性越好。

在恒压源供电时，电路的品质因数、选择性与通频带只取决于电路本身的参数，而与信号源无关。

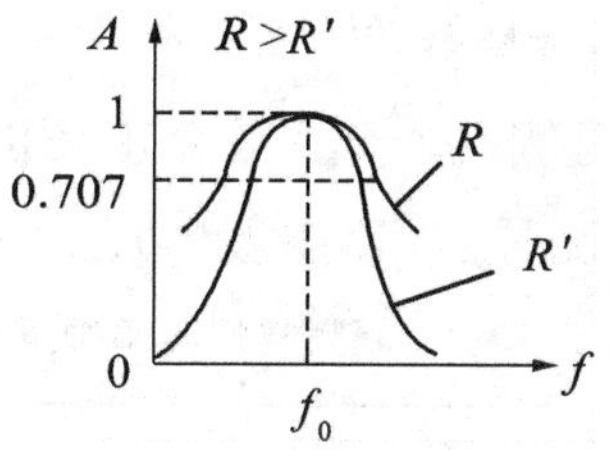

图 2.10-3　不同阻值的幅频特性曲线

在本实验中，用交流毫伏表测量不同频率下的电压 U、U_R、U_L、U_C，绘制 RLC 串联电路的幅频特性曲线，并根据 $\Delta f = f_H - f_L$ 计算出通频带，根据 $q = \frac{U_L}{U} = \frac{U_C}{U}$ 或 $Q = \frac{f_0}{f_H - f_L}$ 计算出品质因数。

2.10.3　预习要求

(1)复习并理解 RLC 串联谐振电路的特点。

(2)根据实验 2.7.3 的元件参数值，估算电路的谐振频率，自拟测量谐振频率的数据表格。

(3)如何判别电路是否发生谐振？测试谐振点的方案有哪些？

2.10.4　实验内容

(1)按图 2.10 4 组成监视、测量电路

用交流毫伏表测信号源电压，令其输出电压有效值为 1 V，并保持不变。图 2.10-4 中 L=9 mH，R=51 Ω，C=0.033 μF。

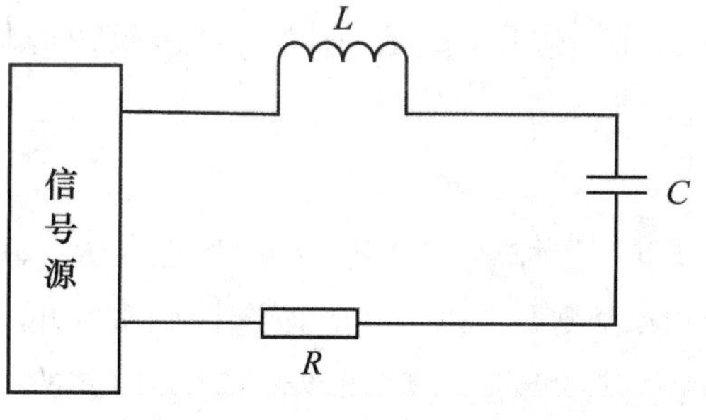

图 2.10-4　RLC 串联实验电路图

(2)测量 RLC 串联电路谐振频率

调节信号源正弦波输出电压频率，由小逐渐变大，并用交流毫伏表测量电阻 R 两端电压 U_R，当 U_R 的读数为最大时，读得频率计上的频率值即为电路的谐振频率 f_0，并测量此时的 U_C 与 U_L 值（注意及时更换毫伏表的量限），将测量数据记入自拟的数据表格中。

(3)测量 RLC 串联电路的幅频特性

在上述实验电路的谐振点两侧，调节信号源正弦波输出频率，按频率递增或递减 500 Hz 或 1 kHz，依次各取 7 个测量点，逐点测出 U_R、U_L 和 U_C 值，记入表 2.10-1 中。

表 2.10-1 幅频特性实验数据一

f/kHz															
U_R/V															
U_L/V															
U_C/V															

在上述实验电路中，改变电阻值，使 $R=100\Omega$，重复步骤(1)(2)的测量过程，将幅频特性数据记入表 2.10-2 中。

表 2.10-2 幅频特性实验数据二

f/kHz															
U_R/V															
U_L/V															
U_C/V															

2.10.5 实验报告要求

(1)电路谐振时，比较输出电压 U_R 与输入电压 U 是否相等？U_L 和 U_C 是否相等？试分析原因。

(2)根据测量数据，绘出不同 Q 值的三条幅频特性曲线：$U_R=f(f)$，$U_L=f(f)$，$U_C=f(f)$。

(3)计算出通频带与 Q 值，说明不同 R 值时的电路通频带与品质因数。

2.10.6 思考题

(1)电路发生串联谐振时，为什么输入电压 u 不能太大，如果信号源给出 1 V 的电压，电路谐振时，用交流毫伏表测 U_L 和 U_C，应该选择用多大的量限？为什么？

(2)要提高 RLC 串联电路的品质因数，电路参数应如何改变？

2.10.7 实验仪器和器材

(1)信号源；

(2)交流毫伏表；

(3)EEL-52 组件。

2.11　三相电路电压、电流的测量

2.11.1　实验目的

(1)掌握三相交流电路相序的测量方法。

(2)学习三相负载的星形连接和三角形连接的方式。

(3)了解三相电路线电压与相电压、线电流与相电流之间的关系。

(4)了解三相四线制供电系统中中线的作用。

(5)观察并分析电路出现故障时的情况。

2.11.2　实验原理

(1)相序指示器

相序指示器如图 2.11-1 所示,它是由一个电容器和两个白炽灯按星形连接的电路,用来指示三相电源的相序。

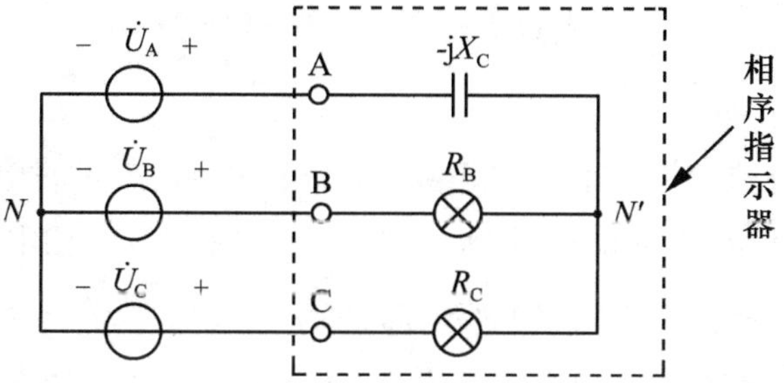

图 2.11-1　相序测定电路

在图 2.11-1 电路中,设 $\dot{U}_A$、$\dot{U}_B$、$\dot{U}_C$ 为三相对称电源相电压,则

$$\dot{U}_{N'N}=\frac{\dfrac{\dot{U}_A}{-jX_C}+\dfrac{\dot{U}_B}{R_B}+\dfrac{\dot{U}_C}{R_C}}{\dfrac{1}{-jX_C}+\dfrac{1}{R_B}+\dfrac{1}{R_C}}\quad 设\ X_C=R_B=R_C,\dot{U}_A=U_P\angle 0^\circ=U_P$$

代入上式得:

$$\dot{U}_{N'N}=(-0.2+j0.6)U_P$$

则

$$\dot{U}_{BN'}=\dot{U}_B-\dot{U}_{N'N}=(-0.3-j1.466)U_P\quad U_{BN'}=1.49U_P$$

$$\dot{U}_{CN'}=\dot{U}_C-\dot{U}_{N'N}=(-0.3+j0.266)U_P\quad U_{CN'}=0.4U_P$$

可见 $U_{BN'}>U_{CN'}$,B 相的白炽灯比 C 相的亮。

综上所述,用相序指示器指示三相电源相序的方法:如果连接电容器的一相是 A 相,那么,白炽灯较亮的一相是 B 相,较暗的一相是 C 相。

(2)三相电路中的电压、电流关系

三相电路中,负载的连接方式有星形连接和三角形连接两种。星形连接时根据需要可以采用三相三线制或三相四线制供电,三角形连接时只能是三相三线制。三相电路中的电源和负载有对称和不对称两种情况,实际三相电路中,三相电源一般是对称的。本实验分别研究三相电源对称,负载对称和不对称,作星形、三角形连接时的电路工作情况。

图 2.11-2 是星形连接的三线制供电图。当线路阻抗忽略不计时,负载的线电压等于电源的线电压。

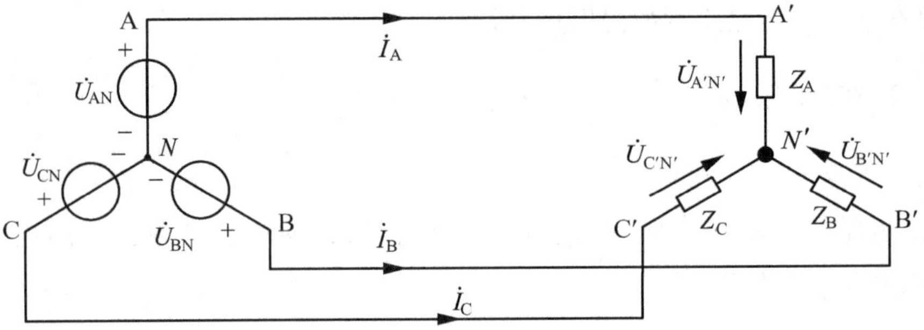

图 2.11-2 Y-Y 连接的三相电路

若负载对称,则负载的中性点 N' 和电源的中性点 N 之间的电压为零,如图 2.11-3 所示,负载的中性点 N' 和电源的中性点 N 重合。此时负载的相电压对称,线电压 U_L 是相电压 U_P 的 $\sqrt{3}$ 倍,线电流 I_L 等于相电流 I_P,即 $U_L=\sqrt{3}U_P$,$I_L=I_P$,流过中线的电流 $I_N=0$;若负载不对称,负载的中性点 N' 和电源的中性点 N 之间的电压不再为零,负载端的各相电压也就不再对称,其数值可以通过计算得到,或者通过实验测出。

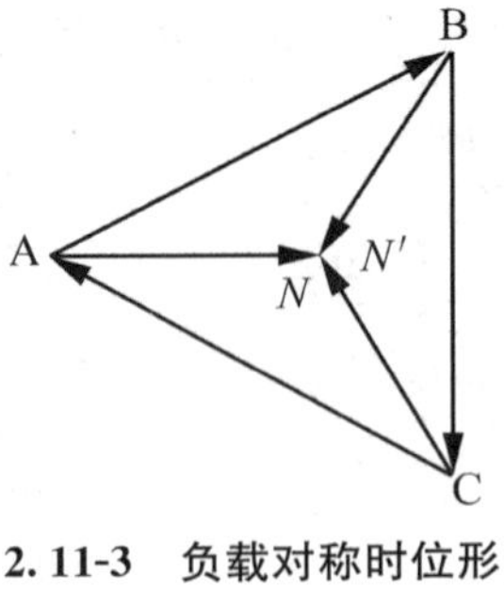

图 2.11-3 负载对称时位形图

位形图是电压相量图的一种特殊形式,其特点是位形图上各电压相量的起点和终点必须与电路图上的点一一对应。图 2.11-3 是对应于图 2.11-2 星形连接三相电路对称时的位形图(以 A 相电源电压为参考相量画出)。负载对称时,$\dot{U}_{N'N}=0$,位形图中负载中性点 N' 与电源中性点 N 重合;负载不对称时,$\dot{U}_{N'N}\neq0$,位形图中负载中性点 N' 与

电源中性点 N 不重合(称中性点位移),这时虽然电源对称,但是负载的相电压不再对称,如图 2.11-4 所示。

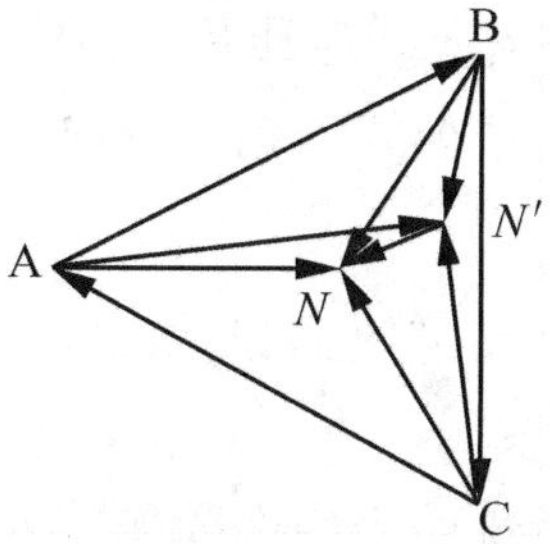

图 2.11-4　负载不对称时位形图

在图 2.11-1 中,若把电源中性点和负载中性点之间用中线连接起来,就成为三相四线制。在负载对称时,中线电流等于零,其工作情况与三线制相同;负载不对称时,若忽略线路阻抗,则负载端相电压仍然对称,但这时中线电流不再为零,它可用计算方法或实验方法确定。不对称三相负载作“Y”连接时,须采用“Y_O”接法,中线必须牢固连接,以保证三相不对称负载的每相电压等于电源的相电压(三相对称电压)。若中线断开,会导致三相负载电压的不对称,致使负载轻的一相的相电压过高,使负载遭受损坏;负载重的一相的相电压又过低,负载不能正常工作。

图 2.11-5 是负载三角形连接的三线制供电图。对称三相负载作三角形连接时,负载的相电压 U_P 等于电源线电压 U_L,线电流 I_L 是相电流 I_P 的$\sqrt{3}$倍,即:$I_L=\sqrt{3}I_P$,$U_L=U_P$。

负载不对称时,只要电源的线电压 U_L 对称的,加在三相负载上的电压仍是对称的,$U_L=U_P$ 但 $I_L\neq\sqrt{3}I_P$,对各相负载工作没有影响。

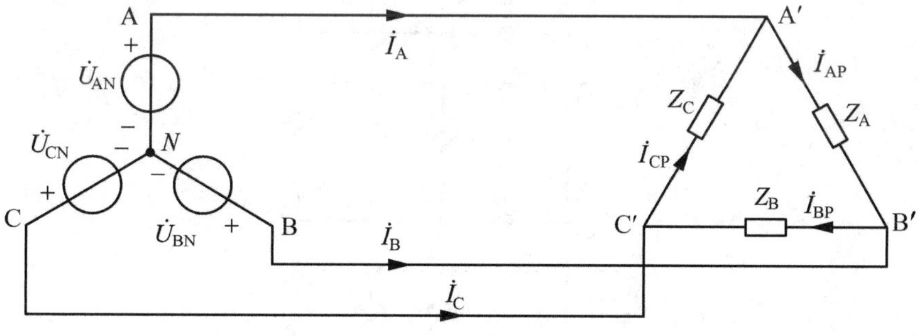

图 2.11-5　Y-Δ **连接的三相电路**

本实验中,用三相调压器调压输出作为三相交流电源,用三组白炽灯作为三相负载,线电流、相电流、中线电流用电流插头和插座测量。

2.11.3 预习要求

(1)在图 2.11-1 电路中,已知电源线电压为 220V,试计算电容器和白炽灯的电压。

(2)三相负载根据什么原则选星形或三角形连接?本实验为什么将三相电源线电压设定为 220V?

(3)三相负载按星形或三角形连接,它们的线电压与相电压、线电流与相电流有何关系?当三相负载对称时又有何关系?

(4)说明在三相四线制供电系统中中线的作用,中线上能安装保险丝吗?为什么?

2.11.4 实验内容

(1)测定三相电源的相序

按图 2.11-1 接线,图中,$C=2.2\ \mu F$,R_B、R_C 为两个 220 V、25 W 的白炽灯,调节三相调压器,输出线电压为 220 V 的三相交流电压,测量电容器、白炽灯和中点电压 U_N,观察灯光明亮状态,做好记录。设电容器一相为 A 相,试判断 B、C 相。

(2)三相负载星形连接(三相四线制供电)

实验电路如图 2.11-6 所示,将白炽灯按图所示星形连接。用三相调压器调压输出作为三相交流电源,具体操作如下:将三相调压器的旋钮置于三相电压输出为 0V 的位置(即逆时针旋到底的位置),然后旋转旋钮,调节调压器的输出,使输出的三相线电压为 220V。测量线电压和相电压,并记录数据。

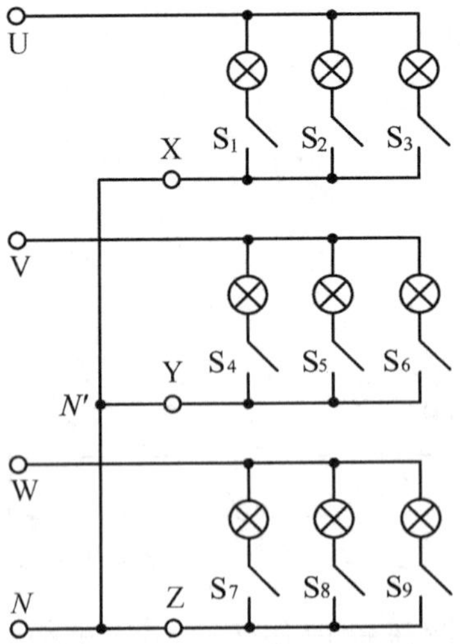

图 2.11-6 三相负载星形连接

在有中线的情况下,测量三相负载对称和不对称时的各相电流、中线电流和各相电压,将数据记入表 2.11-1 中。

在无中线的情况下(拆除图 2.11-6 中的中线)，测量三相负载对称和不对称时的各相电流、各相电压和电源中点 N 到负载中点 N' 的电压 $U_{NN'}$，将数据记入表 2.11-1 中。

表 2.11-1　负载星形连接实验数据

负载情况	开关状态	中线	U_{UV}/V	U_{VW}/V	U_{WU}/V	$U_{UN'}$/V	$U_{VN'}$/V	$U_{WN'}$/V	$U_{NN'}$/V	I_U/A	I_V/A	I_W/A	$I_{NN'}$/A
负载对称	S_1 至 S_9 闭合	有											
		无											
负载不对称	S_4 至 S_6 断开，其他开关闭合	有											
		无											
	S_1 至 S_6 闭合，S_7 至 S_9 断开，W-Z 短接	无											

(3)三相负载三角形连接

实验电路如图 2.11-7 所示，将白炽灯按图所示三角形连接。调节三相调压器的输出电压，使输出的三相线电压为 220 V，测量三相负载对称和不对称时的各相电流、线电流和各相电压，将数据记入表 2.11-2 中。

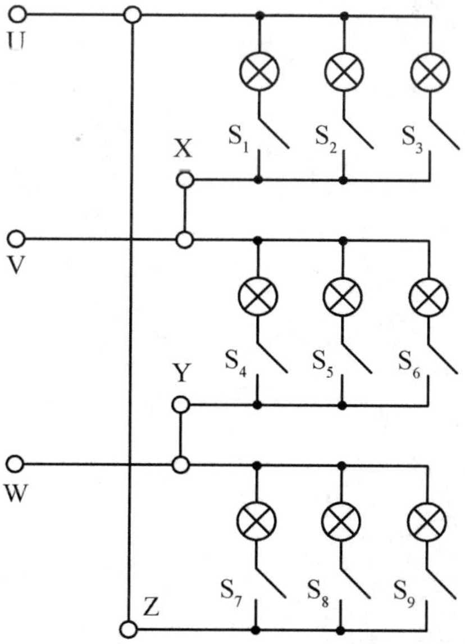

图 2.11-7　三相负载三角形连接

表 2.11-2 负载三角形连接实验数据

负载情况	开关状态	负载相电压/V			线电流/A			相电流/A		
		U_{UV}	U_{VW}	U_{WU}	I_U	I_V	I_W	I_{UV}	I_{VW}	I_{WU}
负载对称	S_1 至 S_9 闭合									
负载不对称	S_1 至 S_6 断开，其他开关闭合									

2.11.5 实验报告要求

(1)根据实验数据，在负载为星形连接时，$U_L=\sqrt{3}U_P$ 在什么条件下成立？在负载为三角形连接时，$I_L=\sqrt{3}I_P$ 在什么条件下成立？

(2)根据对称负载三角形连接时的实验数据，画出各相电压、相电流和线电流的相量图，并证实数据的正确性。

2.11.6 思考题

(1)用实验数据和观察到的现象，总结三相四线制供电系统中中线的作用。

(2)不对称三角形连接的负载，能否正常工作？实验是否能证明这一点？

2.11.7 实验仪器和器材

(1)三相交流电源；

(2)交流电压表、电流表；

(3)EEL-55A，EEL-51R 组件。

2.12　直流稳压电源

2.12.1　实验目的

(1)了解桥式整流电路的原理,以及输入、输出电压间的数量关系。

(2)认识滤波器的作用,理解变压器参数的选择方法。

(3)了解三端固定式集成稳压块的性能及其测试方法。

2.12.2　实验原理

电源电路是向电子设备提供能源的电路。对于复杂的电子设备,往往需要多种不同电压的直流电源,其范围从几伏到几十伏。这些直流电源一般从供电电网的 50 Hz 的单相 220 V 或者三相的 380 V 交流电源变换而来。

直流稳压电源一般由电源变压器、整流电路、滤波电路及稳压电路所组成,基本框图和波形变换如图 2.12-1 所示。

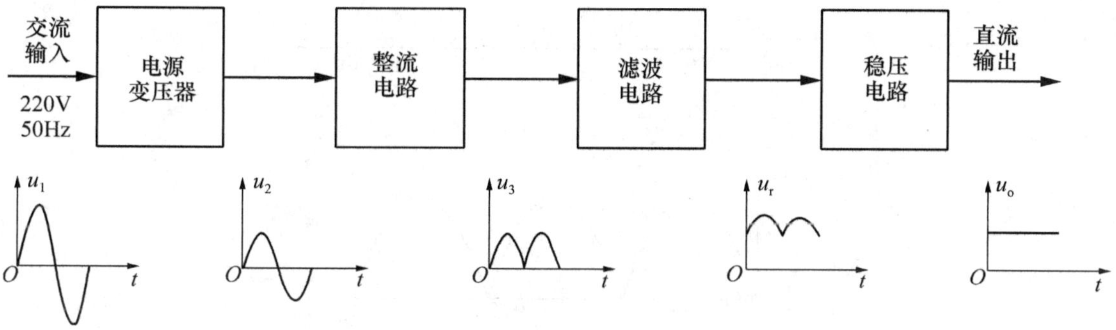

图 2.12-1　直流稳压电源基本框图及波形变换

(1)电源变压器

将电网 220 V 的交流电压变换成整流滤波电路所需的低压交流电。

(2)整流电路

如图 2.12-2 所示,整流电路一般由具有单向导电性的二极管构成,经常采用单相半波、单相全波和单相桥式整流电路。应用最为广泛的是桥式整流电路,4 个二极管轮流导通,无论正半周还是负半周,流过负载的电流方向是一致的,形成全波整流,将变压器输出的交流电压变成了脉动的直流电压。

电路中电压电流波形如图 2.12-3 所示。

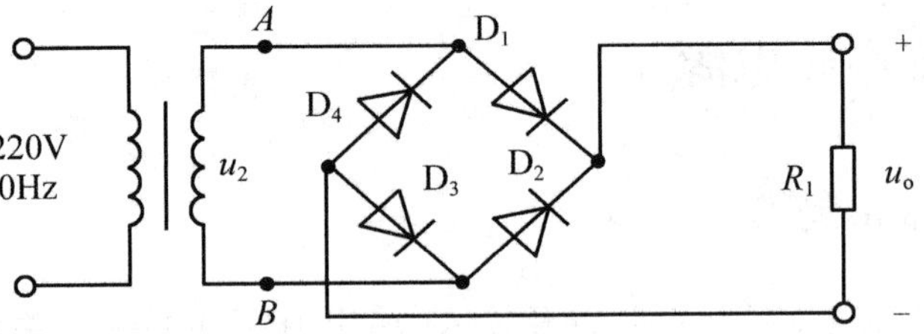

图 2.12-2　整流电路

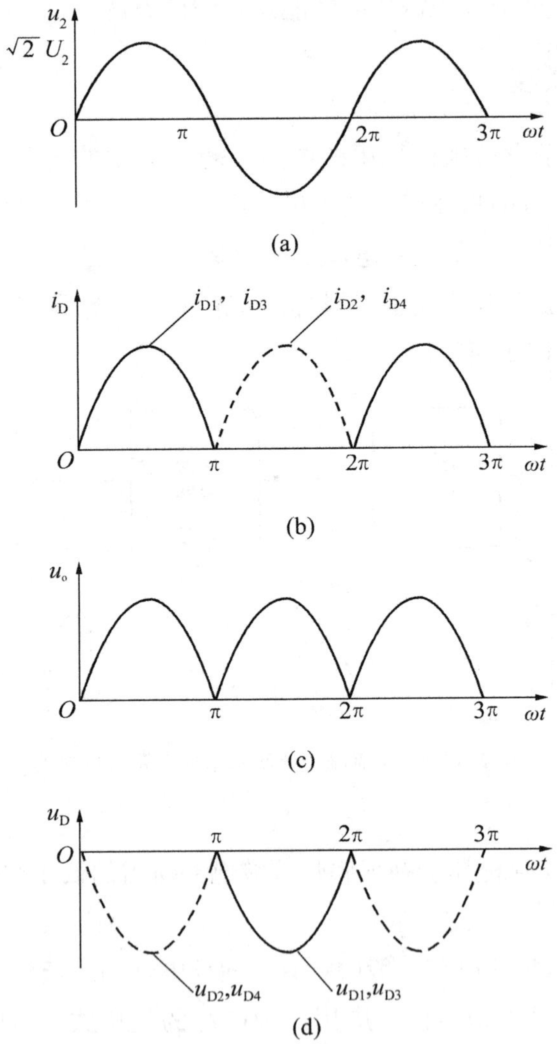

图 2.12-3　各整流电路波形

(a)变压器副边电压波形;(b)通过二极管电流波形;

(c)整流后输出电压波形;(d)二极管反向电压波形

(3)滤波电路

加入电容滤波电路后,由于电容是储能元件,利用其充放电特性,能使输出波形平滑，减小直流电中的脉动成分，以达到滤波的目的（图 2.12-4）。为了使滤波效果更好，可选用电容量的电容为滤波电容。因为电容的放电时间常数越大，放电过程越慢，脉动成分越少，同时使得平均输出电压更高。

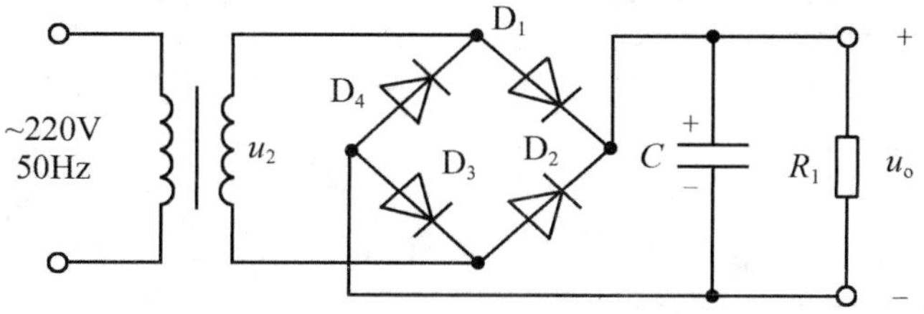

图 2.12-4　滤波电路

滤波后的输出波形如图 2.12-5 所示。

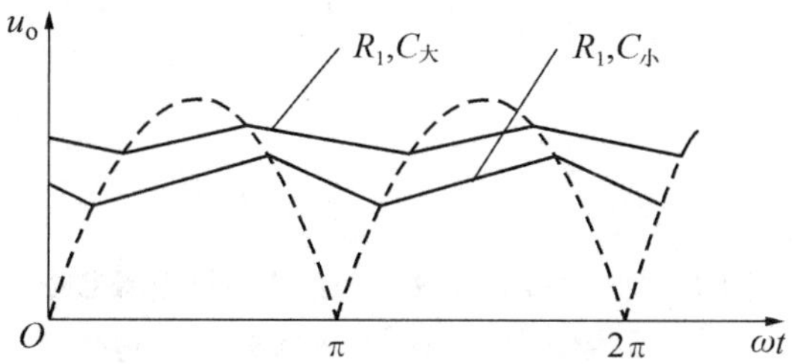

图 2.12-5　滤波后输出电压波形

（4）稳压电路

滤波电路所得到的直流电压（电流）是不稳定的，它容易受到电网电压的波动或负载大小变动的影响，这对于大多数的电子设备来说都是不允许的。因此，必须进行进一步的稳压，然后向电子设备提供稳定的电压。

随着半导体工艺的发展，稳压电路也制成了集成器件。由于集成稳压器具有体积小、外接线路简单、使用方便、工作可靠和通用性好等优点，因此在各种电子设备中应用十分普遍，基本上取代了由分立元件构成的稳压电路。集成稳压器的种类很多，应根据设备对直流电源的要求来进行选择。对于大多数电子仪器、设备和电子电路来说，通常是选用串联线性集成稳压器。而在这种类型的器件中，又以三端式稳压器应用最为广泛。

三端式稳压器的输出电压是固定的，是预先调好的，在使用中不能进行调整。W78 系列三端式稳压器输出正极性电压，一般有 5V、6V、8V、12V、15V、18V、24V 七个挡位，输出电流最大可达 1.5A（加散热片）。同类型 W78M 系列稳压器的输出电流为 0.5A，W78L 系列稳压器的输出电流为 0.1A。若要求为负极性输出电压，则可选用 W79 系列稳压器。图 2.12-6(a) 为 W78××的外形和管脚图。它有三个引出端，分别为输入端（不稳定电压输入端）、公共端、输出端（稳定电压输出端）。

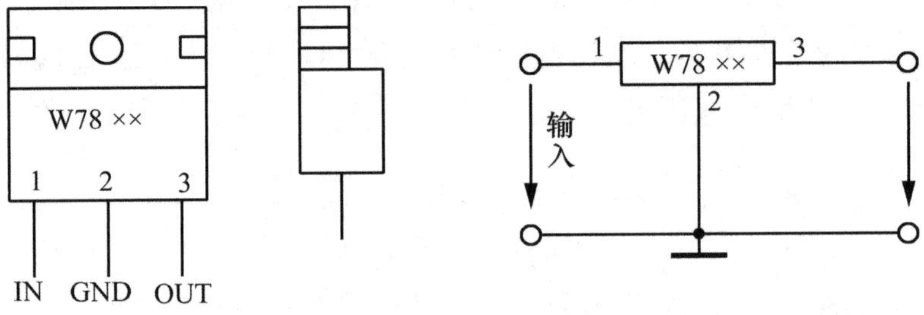

(a)

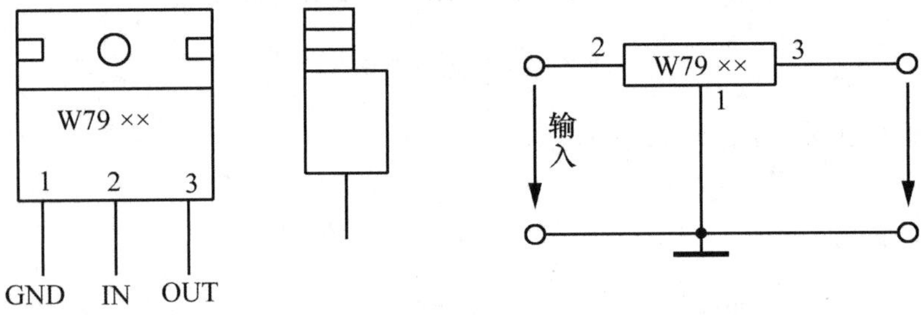

(b)

图 2.12-6 W78、W79 系列集成芯片稳压电路

(a)W78 稳压器及电路;(b)W79 稳压器及电路

其主要参数有:输出直流电压 U_o=+9V,输出电流为 0.1A,同类型 M 系列输出电流为 0.5A,电压调整率 10mV/V,输出电阻 R_o=0.15Ω,输入电压 U_i 的范围为 12～16V。因为一般 U_i 要比 U_o 大 3～5V,才能保证集成稳压器工作在线性区。

图 2.12-7 是用三端式稳压器 W7805 构成的单电源电压输出串联型稳压电源的实验电路图。

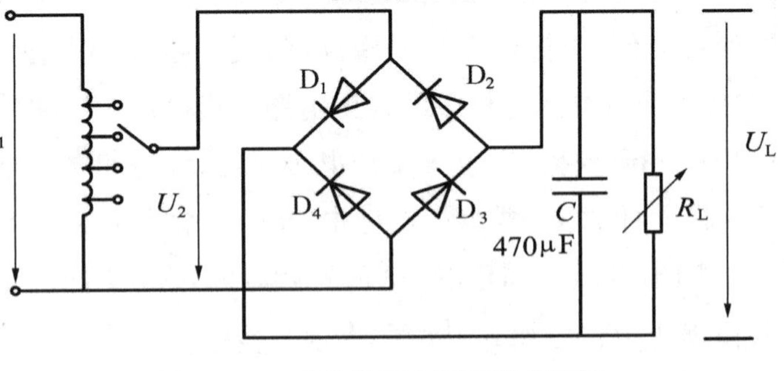

图 2.12-7 直流稳压电源实验电路图

2.12.3 预习要求

(1)掌握桥式整流电路和有电容滤波的桥式整流电路中,输入电压和输出电压之间的关系；

(2)了解电容滤波电路的工作原理；

(3)了解稳压电路中稳压管的作用；

(4)说明图 2.12-7 中 U_2、U_1 及 U_L 的物理意义。

2.12.4　实验内容

(1)整流滤波电路测试

按图 2.12-7 连接实验电路。接通交流电压源，通过交流电压表测量后将相电压 220 V 连接到变压器输入电压 U_1，副边电压选取 $U_2=10$ V。

①取 $R_L=240\ \Omega$，不加滤波电容，测量直流输出电压及纹波电压，并用示波器观察波形，记入表 2.12-1 中。

②取 $R_L=240\ \Omega$，$C=470\ \mu F$，重复内容①的要求，记入表 2.12-1 中。

③取 $R_L=120\ \Omega$，$C=470\ \mu F$，重复内容①的要求，记入表 2.12-1 中。

注意：每次改接电路前，必须先切断电源。

表 2.12-1　各部分电路输出波形

电路形式		U_L/V	$\widetilde{U}_L$/V	U_L 波形
$R_L=240\ \Omega$	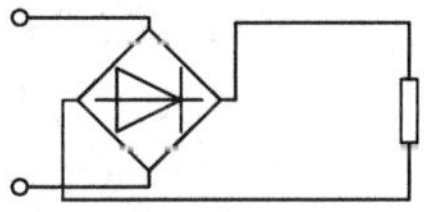			
$R_L=240\ \Omega$ $C=470\ \mu F$	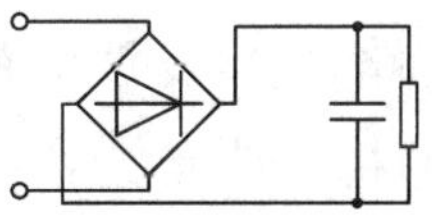			
$R_L=120\ \Omega$ $C=470\ \mu F$	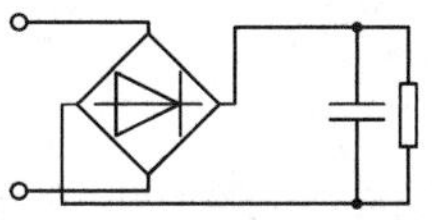			

(2)集成稳压电路

在图 2.12-7 的基础上，按图 2.12-8 连接好电路，改变负载电阻值 R_L，完成表 2.12-2 的测量结果。(注：以下各波形图均在示波器 DC 挡测得。)

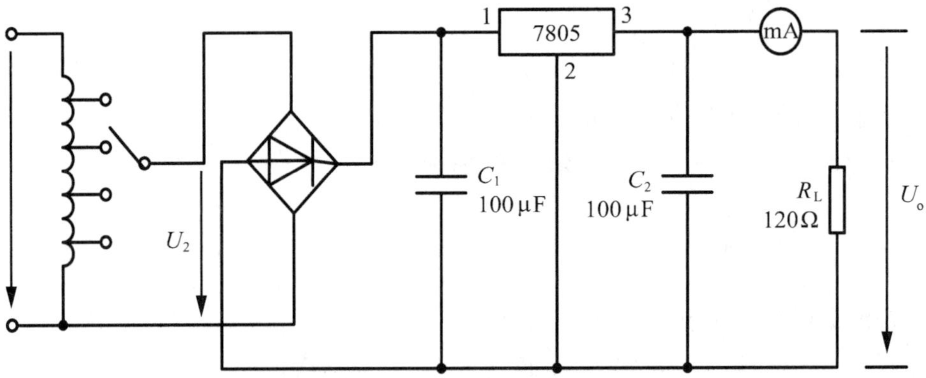

图 2.12-8　7805 稳压电路

表 2.12-2　负载对输出影响的波形记录

负载	测量结果	
R_L/Ω	U_o/V	U_o 波形
∞		
240		
120		

2.12.5　实验报告要求

(1)根据实验数据分析桥式整流电路和电容滤波电路中,输出电压与输入电压之间的倍数关系,并与理论值相比较,并总结桥式整流电路、电容滤波电路的特点。

(2)根据表 2.12-2 中的结果,分析集成稳压器的稳压性能。

(3)回答思考题。

2.12.6　思考题

(1)在桥式整流电容滤波电路中,如果电容被断掉,负载上的直流电压有无变化? 变化了多少? 如果电容短路,后果又会怎样?

(2)在桥式整流电路中,如果某个二极管发生开路、短路及反接三种情况,将会出现什么问题?

(3)为了使稳压电源的输出电压 U_o=12 V,则其输入电压的最小值 $U_{1\,min}$ 应等于多少? 交流输入电压 $U_{2\,min}$ 又怎样确定?

2.12.7　实验仪器和器材

(1)可调交流电源；

(2)示波器；

(3)交流电压表；

(4)万用表；

(5)470 Ω 滑线变阻器；

(6)二极管、电容器、7805 稳压器等。

2.13 晶体管共射极单管放大器

2.13.1 实验目的

(1)学习放大电路静态工作点的测量,了解元件参数对放大电路静态工作的影响。

(2)掌握放大电路的电压放大倍数,输入电阻、输出电阻等指标的测试方法。

(3)进一步熟悉双踪示波器、信号发生器、交流毫伏表及直流稳压电源的使用方法。

2.13.2 原理说明

放大电路是放大信号的一种装置,它的功能是将微弱的电信号(电压、电流或功率)放大到所需要的数值,从而使电子设备的终端执行元件(如继电器、扬声器、仪表等)有所动作或显示。

构成一个放大器的要求很多,其中必须遵循的三个原则如下:

(1)放大元件(三极管)必须工作在放大状态;

(2)输入信号必须能够传输到放大元件的控制端,即三极管的基极与发射极两端;

(3)放大后的信号必须能够传输给负载。

单管放大器实验电路如图 2.13-1 所示。它的偏置电路采用 R_{B1}(R_{b1} 和电位器电阻 R_P 的阻值)和 R_{b2} 组成的分压电路,并在发射极中接有电阻 R_E,以稳定放大器的静态工作点。当在放大器的输入端加入输入信号 u_i 后,在放大器的输出端便可得到一个与 u_i 相位相反、幅值被放大了的输出信号 u_o,从而实现电压放大。

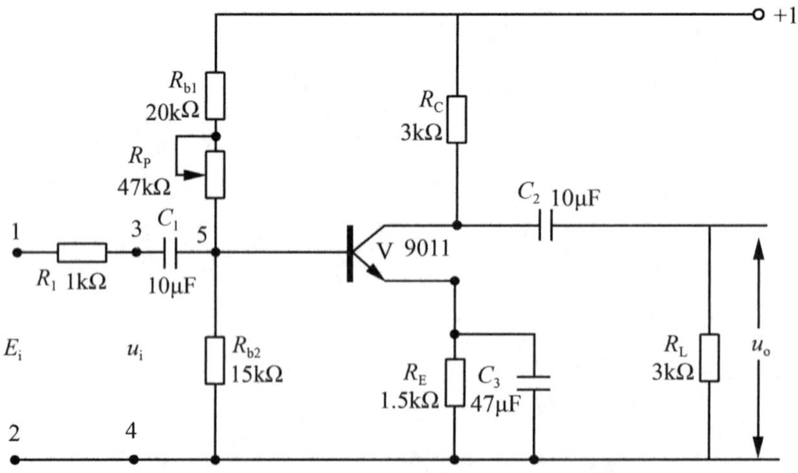

图 2.13-1 分压式放大电路实验电路图

在图2.13-1电路中，当流过偏置电阻 R_{B1}（R_{b1} 和电位器电阻 R_P 的阻值）和 R_{b2} 的电流远大于晶体管的基极电流 I_B 时（一般5～10倍），则它的静态工作点可用下式估算：

$$U_B \approx \frac{R_{b2}}{R_{B1}+R_{b2}} \cdot V_{CC}$$

$$I_E = \frac{U_B - U_{BE}}{R_E} \approx I_C$$

$$U_{CE} \approx U_{CC} - I_C(R_C + R_E)$$

电压放大倍数　$$A_V = -\beta \frac{R_C /\!/ R_L}{r_{be}}$$

输入电阻　$$r_i = R_{B1} /\!/ R_{b2} /\!/ r_{be}$$

输出电阻　$$r_o \approx R_c$$

由于电子器件性能的分散性比较大，因此在设计和制作晶体管放大电路时，离不开测量和调试技术。在设计前应测量所用元器件的参数，为电路设计提供必要的依据；在完成设计和装配以后，还必须测量和调试放大器的静态工作点及各项性能指标。一个优质的放大器，必定是理论设计与实验调整相结合的产物。因此，除了学习放大器的理论知识和设计方法外，还必须掌握必要的测量和调试技术。

放大器的测量和调试一般包括：放大器静态工作点的测量与调试以及放大器各项动态参数的测量与调试等。

2.13.2.1　*放大器静态工作点的测量与调试*

(1)静态工作点的测量

测量放大器的静态工作点，应在输入信号 $U_i=0$ 的情况下进行，即将放大器输入端与地端短接，然后选用量程合适的直流毫安表和直流电压表，分别测量晶体管的集电极电流 I_C 以及各电极对地的电位 U_B、U_C 和 U_E。一般实验中，为了避免断开集电极，所以采用测量电压，然后算出 I_C 的方法。例如，只要测出 U_E，即可用 $I_C \approx I_E = \frac{U_E}{R_E}$ 算出 I_C（也可根据 $I_C = \frac{U_{CC}-U_C}{R_C}$，由 U_C 确定 I_C），同时也能算出 $U_{BE}=U_B-U_E$，$U_{CE}=U_C-U_E$。为了减小误差，提高测量精度，应选用内阻较高的直流电压表。

(2)静态工作点的调试

静态工作点是否合适，对放大器的性能和输出波形都有很大影响。如工作点偏高，放大器在加入交流信号以后易产生饱和失真，此时 u_o 的负半周将被削底，如图2.13-2(a)所示；如工作点偏低则易产生截止失真，即 u_o 的正半周被缩顶（一般截止失真不如饱和失真明显），如图2.13-2(b)所示。这些情况都不符合不失真放大的要求。所以在选定工作点以后还必须进行动态调试，即在放大器的输入端加入一定的 u_i，检查输出电压 u_o 的大小和波形是否满足要求。如不满足，则应调节静态工作点的位置。改变电路参数 U_{CC}、R_C、R_B(R_{B1}、R_{b2})都会引起静态工作点的变化，如图 2.13-3 所示。但通常多采用调节偏电阻 R_{B1} 的方法来改变静态工作点，如减小 R_{B1} 可使静态工作点提高等。

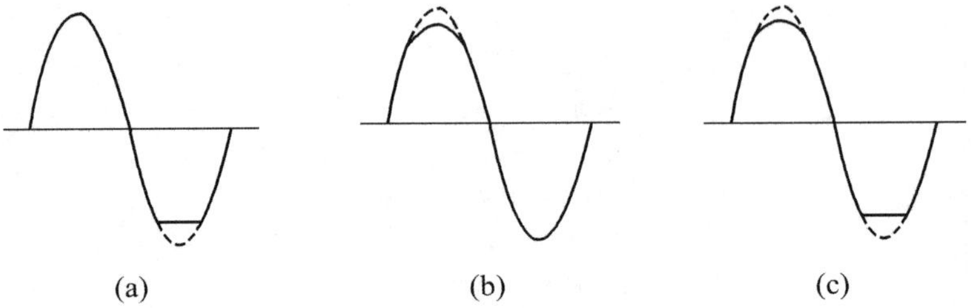

(a) (b) (c)

图 2.13-2 各种失真情况

(a)饱和失真；(b)截止失真；(c)输入信号过大产生的失真

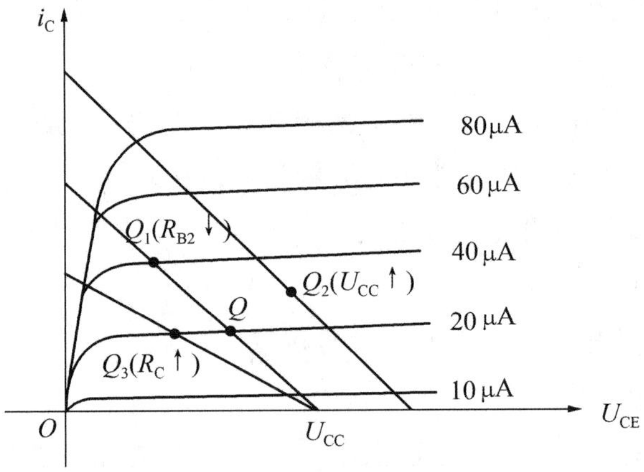

图 2.13-3 静态工作点设置

最后还要说明的是，上面所说的工作点“偏高”或“偏低”不是绝对的，应该是相对于信号的幅度而言，如信号幅度很小，即使工作点较高或较低也不一定会出现失真。所以确切地说，产生波形失真是信号幅度与静态工作点设置配合不当所致。如需满足较大信号幅度的要求，静态工作点最好尽量靠近交流负载线的中点。

2.13.2.2 放大器动态指标测试

放大器动态指标有电压放大倍数、输入电阻、输出电阻、最大不失真输出电压(动态范围)和通频带等。

(1)电压放大倍数 A_V 的测量

调整放大器到合适的静态工作点，然后加入输入电压 u_i，在输出电压 u_o 不失真的情况下，用交流毫伏表测出 u_i 和 u_o 的有效值 U_i 和 U_o，则

$$A_V=\frac{U_o}{U_i}$$

(2)输入电阻的测量

为了测量放大器的输入电阻，按图 2.13-4 电路在被测放大器的输入端与信号源之间串联一已知电阻 R，在放大器正常工作的情况下，用交流毫伏表测出 U_S 和 U_i，则根据输入电阻的定义可得

$$r_i=\frac{U_i}{I_i}=\frac{U_i}{U_R}\cdot R=\frac{U_i}{U_S-U_i}\cdot R$$

测量时应注意：

①由于电阻 R 两端没有电路公共接地点，所以测量 R 两端电压 U_R 时必须分别测出 U_S 和 U_i，然后按 $U_R=U_S-U_i$ 求出 U_R 值。

②电阻 R 的值不宜取得过大或过小，以免产生较大的测量误差，通常取 R 与 r_i 为同一数量级，本实验可取 $R=1\sim2\text{k}\Omega$。

(3)输出电阻的测量

按图 2.13-4 电路，在放大器正常工作的条件下，测出输出端不接负载 R_L 的输出电压 U_o 和接入负载后的输出电压 U_L，根据

$$U_L=\frac{R_L}{r_o+R_L}\cdot U_o$$

即可求出 r_o，

$$r_o=\left(\frac{U_o}{U_L}-1\right)\cdot R_L$$

在测试中应注意，必须保持 R_L 接入前后输入信号的大小不变。

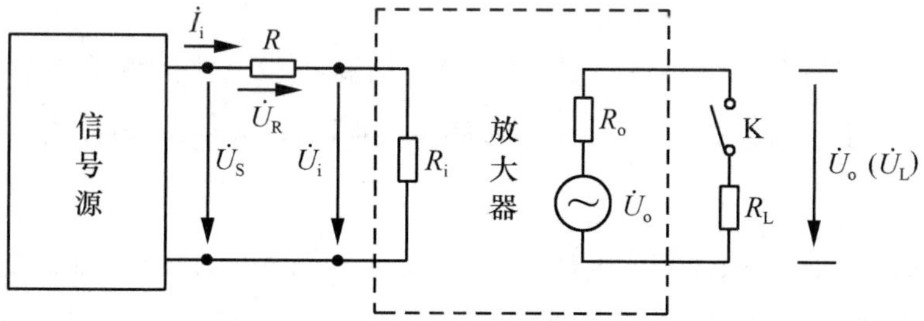

图 2.13-4　放大电路负载对输出的影响

(4)最大不失真输出电压 U_{opp} 的测试(最大动态范围)

如上所述，为了得到最大动态范围，应将静态工作点调在交流负载线的中点。为此在放大器正常工作情况下，逐步增大输入信号的幅度，同时调节 R_P(改变静态工作点)，

用示波器观察 u_o，当输出波形同时出现削底和缩顶现象时，说明静态工作点已调在交流负载线的中点。然后反复调整输入信号，使波形输出幅度最大且无明显失真时，用交流毫伏表测出 U_o(有效值)，则动态范围等于 $2\sqrt{2}U_o$。或用示波器直接读出 U_{opp} 来。

(5)放大器频率特性的测量

放大器的频率特性是指放大器的电压放大倍数 A_V 与输入信号频率 f 之间的关系曲线。单管阻容耦合放大电路的幅频特性曲线如图 2.13-5 所示，A_{um} 为中频电压放大倍数，通常规定电压放大倍数随频率变化下降到中频放大倍数的 $1/\sqrt{2}$ 倍，即 $0.707A_{um}$ 所对应的频率分别称为下限频率 f_L 和上限频率 f_H，则通频带宽度

$$f_{BW}=f_H-f_L$$

放大器的幅频特性就是测量不同频率信号时的电压放大倍数 A_V。为此，可采用前述测 A_V 的方法，每改变一个信号频率，测量其相应的电压放大倍数，测量时应注意取点要恰当，在低频段与高频段应多测几点，在中频段可以少测几点。此外，在改变频率时，要保持输入信号的幅度不变。

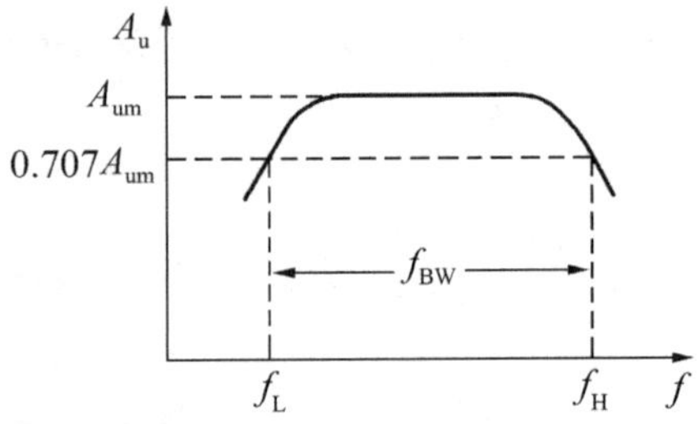

图 2.13-5　放大电路的幅频特性曲线

2.13.3　预习要求

(1)阅读教材中有关单管放大电路的内容并估算实验电路的性能指标。

①假设：图 2.13-6 的 3DG6 的 $\beta=100$，$R_{B1}=20\ k\Omega$，$R_{B2}=60\ k\Omega$，$R_C=2.4\ k\Omega$，$R_L=2.4\ k\Omega$。

②估算放大器的静态工作点，电压放大倍数 A_V，输入电阻 r_i 和输出电阻 r_o。

(2)结合图解法分析静态工作点的位置对放大电路的影响。

(3)在测试 A_V、r_i 和 r_o 时怎样选择输入信号的大小和频率？为什么信号频率一般选 1kHz，而不选 100kHz 或更高？

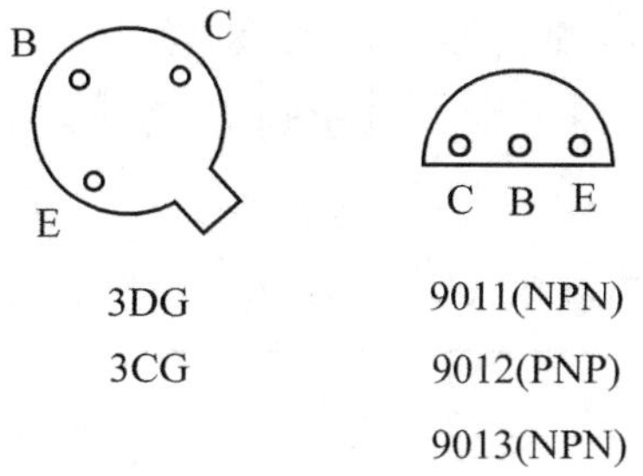

图 2.13-6　三极管引脚

2.13.4　实验内容

实验电路如图 2.13-1 所示。为防止干扰，各电子仪器的公共端必须连在一起，同时信号源、交流毫伏表和示波器的引线应采用专用电缆线或屏蔽线，如使用屏蔽线，则屏蔽线的外包金属网应接在公共接地端上。

(1)测量静态工作点

接通电源前，先将 R_P 调到最大，信号源输出旋钮旋至零。接通 +12 V 电源，调节 R_P 使 $I_C=2.0$ mA(即 $U_E=3.0$ V)，用数字电压表测量 U_B、U_E、U_C 及用万用表测量 R_{b2} 值。测量结果记入表 2.13-1 中。

表 2.13-1　静态工作点设置　$I_C=2.0$ mA

测量值				计算值		
U_B/V	U_E/V	U_C/V	R_P/kΩ	U_{BE}/V	U_{CE}/V	I_C/mA

(2)测量电压放大倍数

在放大器输入端加入频率为 1 kHz 的正弦信号 u_s，调节信号源的输出旋钮使 $U_i=5$ mV，同时用示波器观察放大器输出电压 u_o 的波形，在波形不失真的条件下用交流毫伏表测量下述三种情况下的 U_o 值，并用示波器同时观察 u_o 和 u_i 的相位关系，把结果记入表 2.13-2 中。

表 2.13-2　负载对输出的影响　$I_C=2.0$ mA，$U_i=5$ mV

R_C/kΩ	R_L/kΩ	U_o/V	A_V	观察记录一组 u_o 和 u_i 波形
3	∞			
3	3			

(3)观察静态工作点对输出波形失真的影响

置 $R_C=3$ kΩ，$R_L=3$ kΩ，$u_i=0$，调节 R_P 使 $I_C=2.0$ mA(可通过测量 U_E 来估算 I_C)，测出 U_{CE} 值，再逐步加大输入信号，使输出电压 u_o 足够大但不失真。然后保持输入

信号不变，分别增大和减小 R_P，使波形出现失真，绘出 u_o 的波形，并测出失真情况下的 I_C 和 U_{CE} 值，把结果计入表 2.13-3 中。每次测 I_C 和 U_{CE} 值时都要将信号源的输出旋钮旋至零。

表 2.13-3 失真情况 $R_C=3\ k\Omega, R_L=3\ k\Omega, U_i=$______ mV

I_C/mA	U_{CE}/V	u_o 波形	失真情况	晶体管工作状态

2.13.5 实验报告要求

(1)列表整理测量结果，并把实测值与理论计算值相比较(取一组数据进行比较)，分析产生误差的原因。

(2)总结 R_L 及静态工作点对放大器电压放大倍数的影响。

(3)讨论静态工作点变化对放大器输出波形的影响。

(4)分析讨论在调试过程中出现的问题。

2.13.6 思考题

(1)能否用数字电压表直接测量晶体管的 U_{BE}？为什么实验中要采用先测 U_B、U_E，再间接算出 U_{BE} 的方法？

(2)怎样测量 R_{B1} 阻值？

(3)当调节偏置电阻 R_{B1}，使放大器输出波形出现饱和或截止失真时，晶体管的管压降 U_{CE} 怎样变化？

(4)测试中，如果将信号源、交流毫伏表、示波器中任一仪器的两个测试端子接线换位(即各仪器的接地端不再连在一起)，将会出现什么问题？

2.13.7 实验仪器和器材

(1)万用表；

(2)示波器；

(3)直流电流表；

(4)信号源；

(5)单管放大电路实验板。

2.14　集成运算放大器基本应用

2.14.1　实验目的

(1)了解集成运算放大器的外部结构。

(2)学习集成运算放大器的使用方法。

(3)研究由集成运算放大器组成的比例、加法、减法和积分等基本运算电路的功能。

2.14.2　原理说明

集成运算放大器是一种具有高电压放大倍数的直接耦合多级放大电路。当外部接入不同的线性或非线性元器件组成输入和负反馈电路时,可以灵活地实现各种特定的函数关系。在线性应用方面,可组成比例、加法、减法、积分、微分、对数等模拟运算电路。

集成运算放大器的符号如图 2.14-1 所示,其中,A_{ud} 为开环电压放大倍数,u_- 为反相输入端,u_+ 为同相输入端,u_o 为输出端。一个集成运算放大器有两个输入端和一个输出端。输入端和输出端的电压相位关系有以下三种。

①当从同相输入端"+"输入信号时,输出端输出电压与输入信号同相位相同。

②当从反相输入端"−"输入信号时,输出端输出电压与输入信号同相位相反。

③从同相输入端"+"和反相输入端"−"两端输入差模信号 $u_{id}=u_+-u_-$,输出端的电压相位与输入差模信号的相位相反。

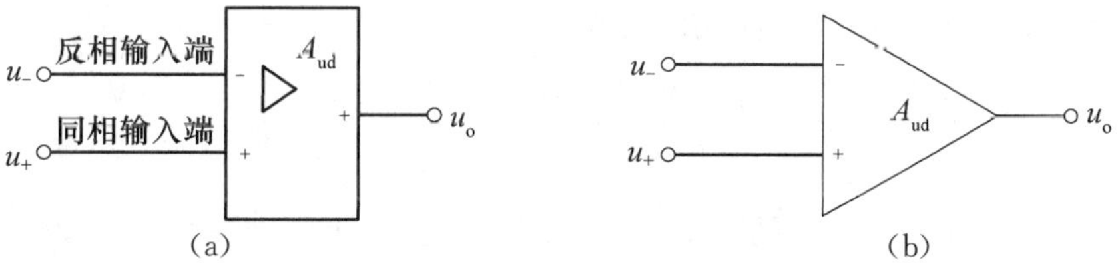

图 2.14-1　集成运算放大器符号

双列直插式单运放外部引脚器件外形如图 2.14-2(a)所示。集成运算放大器的外形有双列直插式和金属圆壳式两种封装。在一个封装中含有一个或者多个集成运算放大器。图 2.14-2(b)是含有多个集成运算放大器的封装。在使用集成运算放大器时,需要知道它的主要功能、参数和引脚用途。

(1)理想运算放大器特性

在大多数情况下,将运算放大器视为理想运算放大器,就是将运算放大器的各项技术指标理想化,满足下列条件的运算放大器称为理想运算放大器。

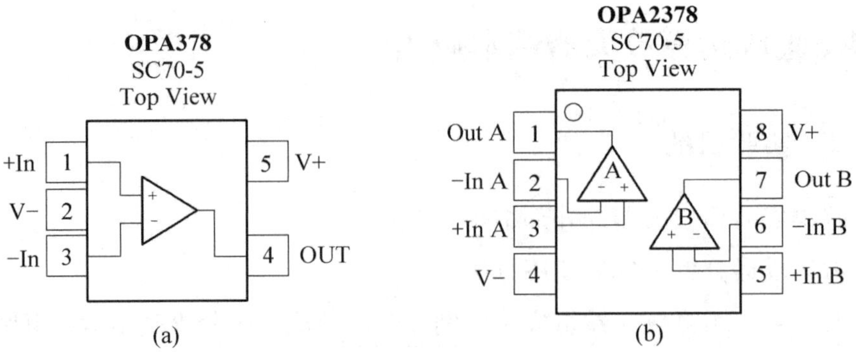

图 2.14-2 双列直插式运算放大器外部引脚

(a)OPA378 引脚图;(b)OPA2378 引脚图

①开环电压增益 A_{ud}:集成运算放大器无外加反馈情况下的差模电压放大倍数。它是重要的参数,通常越大越好。A_{ud} 越大,运算电路的稳定性和运算的精度就越高。理想情况下 $A_{ud}=\infty$。

②输入阻抗 r_i 越大越好,理想情况下 $r_i=\infty$。

③输出阻抗 r_o 反映了集成运算放大器的带负载能力,理想情况下认为 $r_o=0$。

④有无限宽频带,即 $f_{BW}=\infty$。

实际中的运算放大器比较接近理想运算放大器的条件,因此在分析电路工作原理时,用理想运算放大器代替实际的运算放大器所引起的误差并不严重,在工程计算中是允许的。运算放大器的各种应用,都是依据理想化的条件把实际的运算放大器作为理想运算放大器来处理。

(2)理想运算放大器在线性应用时的两个重要特性

①输出电压 U_o 与输入电压之间满足关系式

$$U_o=A_{ud}(U_+-U_-)$$

由于 $A_{ud}=\infty$,而 U_o 为有限值,因此,$U_+-U_-\approx0$。即 $U_+\approx U_-$,称为“虚短”。

②由于 $r_i=\infty$,故流进运算放大器两个输入端的电流可视为零,即 $I_{IB}\approx0$,称为“虚断”。这说明运算放大器从其前级吸取电流极小。

上述两个特性是分析理想运算放大器应用电路的基本原则,可简化运算放大器电路的计算。

(3)基本运算电路

①反相比例运算电路

如图 2.14-3 所示,对于理想运算放大器,该电路的输出电压与输入电压之间的关系为

$$U_o=-\frac{R_f}{R_1}U_i$$

为了减小输入级偏置电流引起的运算误差，在同相端应接入平衡电阻 R_2，

$$R_2=R_1/\!/R_f$$

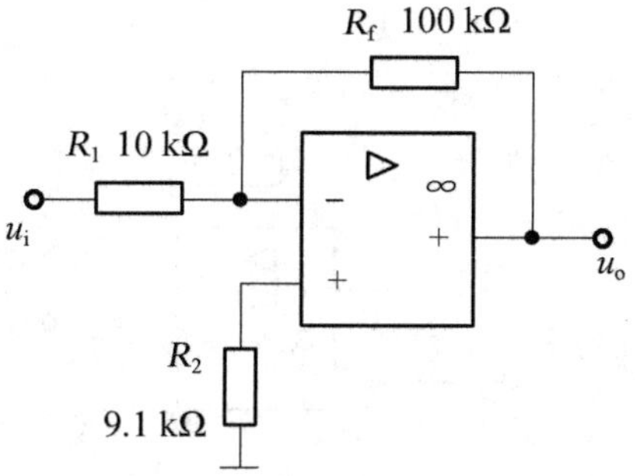

图 2.14-3　反相比例运算电路

②反相加法电路

电路如图 2.14-4 所示，输出电压与输入电压之间的关系为

$$U_o=-\left(\frac{R_f}{R_1}U_{i1}+\frac{R_f}{R_2}U_{i2}\right)$$

$$R_3=R_1/\!/R_2/\!/R_f$$

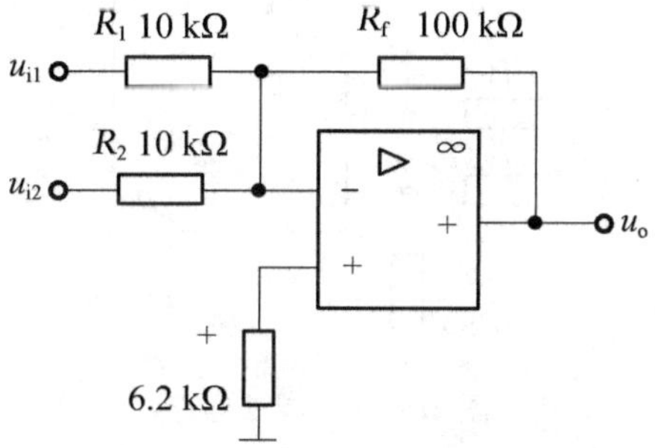

图 2.14-4　反相加法运算电路

③同相比例运算电路

图 2.14-5(a)是同相比例运算电路，它的输出电压与输入电压之间的关系为

$$U_o=\left(1+\frac{R_f}{R_1}\right)U_i$$

$$R_2=R_1/\!/R_f$$

当 $R_1\to\infty$，$U_o=U_i$，即得到如图 2.14-5(b)所示的电压跟随器，图中 $R_2=R_f$，用以减小漂移和起保护作用。一般 R_f 取 10 kΩ，R_f 太小起不到保护作用，太大则影响跟随性。

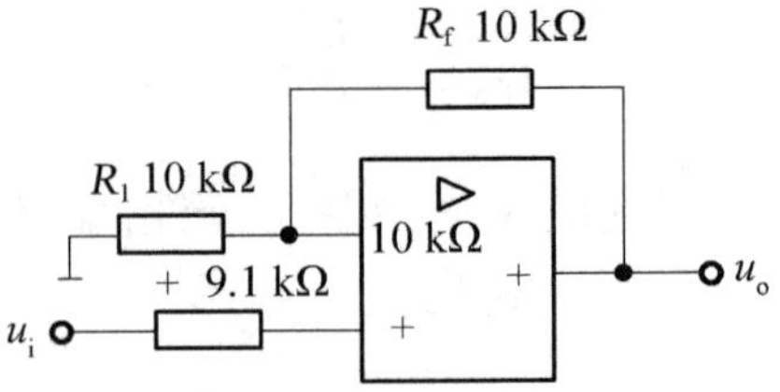

(a)

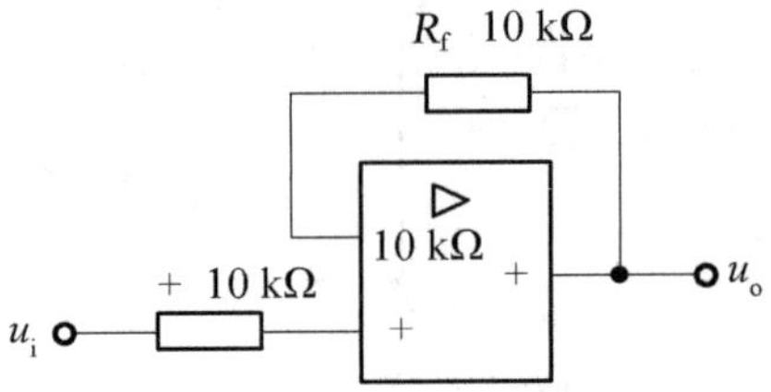

(b)

图 2.14-5 同相比例运算电路

(4)差动放大器电路(减法器)

对于图 2.14-6 所示的减法运算电路,当 $R_1=R_2$,$R_3=R_f$ 时,有如下关系式:

$$U_o=\left(1+\frac{R_f}{R_1}\right)U_f$$

$$R_2=R_1/\!/R_f$$

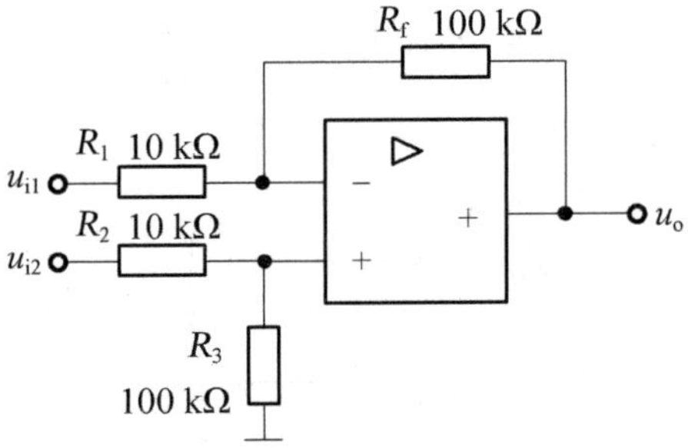

图 2.14-6 减法电路

2.14.3 预习要求

(1)复习集成运算放大器线性应用部分的内容,并根据实验电路参数计算各电路输出电压的理论值。

(2)为了不损坏集成块,实验中应注意哪些问题?

2.14.4 实验内容

实验前要看清运算放大器组件各管脚的位置,切忌正、负电源极性接反和输出端短路，否则将会损坏集成块。

(1)反相比例电路

①按图 2.14-3 连接实验电路，接通±12V 电源，输入端对地短路，进行调零和消振。

②输入 $f=100\text{Hz}$，$U_i=0.5\text{V}$ 的正弦交流信号，测量相应的 U_o，并用示波器观察 u_o 和 u_i 的相位关系，将结果记入表 2.14-1 中。

表 2.14-1　反相比例运算电路数据记录表　$U_i=0.5\text{V}$，$f=100\text{Hz}$

U_i/V	U_o/V	u_i 波形	u_o 波形	A_V	
				实测值	计算值

(2)同相比例运算电路

①按图 2.14-5(a)连接实验电路，实验步骤同(1)，将结果记入表 2.14-2 中；

②按图 2.14-5(b)连接实验电路，重复实验内容。

表 2.14-2　同相比例运算电路数据记录表　$U_1=0.5\text{V}$，$f=100\text{Hz}$

U_i/V	U_o/V	u_i 波形	u_o 波形	A_V	
				实测值	计算值

(3)反相加法运算电路

①按图 2.14-4 连接实验电路，调零和消振。

②从 2 个－5 V～＋5 V 的直流电源分别输入自拟的电压作为 U_{i1} 和 U_{i2} 输入信号，测量输出电压 U_o，分别填入表 2.14-3 中。

表 2.14-3　反相加法运算电路数据记录表

U_{i1}/V			
U_{i2}/V			
U_o/V			

(4)减法运算电路

①按图 2.14-6 连接实验电路，调零和消振。

②采用直流输入信号，实验步骤同(3)，将结果记入表 2.14-4 中。

表 2.14 4　减法运算电路数据记录表

U_{i1}/V			
U_{i2}/V			
U_o/V			

2.14.5 实验报告要求

(1)整理实验数据,画出波形图(注意波形间的相对关系);
(2)将理论计算结果和实测数据相比较,分析产生误差的原因;
(3)总结集成运算放大器的运算功能。

2.14.6 思考题

(1)在比例运算放大器中,当 U_i 达到一定数值后,U_o 再增大时,U_i 并不随之增大,为什么?

(2)在反相加法器中,如 U_{i1} 和 U_{i2} 均采用直流信号,并选定 $U_{i2}=-1V$,当考虑到运算放大器的最大输出幅度(±12V)时,$|U_{i1}|$ 的大小不应超过多少伏?

2.14.7 实验仪器和器材

(1)信号源;
(2)双踪示波器;
(3)集成运算放大器实验板;
(4)万用表;
(5)实验电路中的电阻器、电容器。

第 3 章　Multisim 14 软件基础

Multisim 14 是由美国 NI 公司于 2015 年发布的最新版本，在该版本中进一步增强了仿真技术，可以协助教师应用崭新而有创意的方式来讲授课程内容。新增加的功能包括全新的探针功能、可编程逻辑图和新的嵌入式硬件的集成等。用户还可以在 iPad 上轻松实现交互式仿真。熟练使用该软件可以大大缩短电子工程设计人员进行产品研发的时间，降低研发成本，对强化电路、电子技术等课程的理论学习与实验教学有十分重要的意义。

本章将围绕 Multisim 在电路、电子课程中的应用，介绍 Multisim 14 软件的主界面、菜单、元器件库、常用虚拟仪表、常用仿真分析功能以及 Multisim 基础操作技能，为读者利用 Multisim 14 软件进行电路仿真实验与电路设计打下基础。

3.1　Multisim 14 的主界面及菜单

Multisim 14 软件的主界面如图 3.1-1 所示。该界面中的各个工具栏可以被拖放到指定位置，也可以通过定制功能设定是否显示。

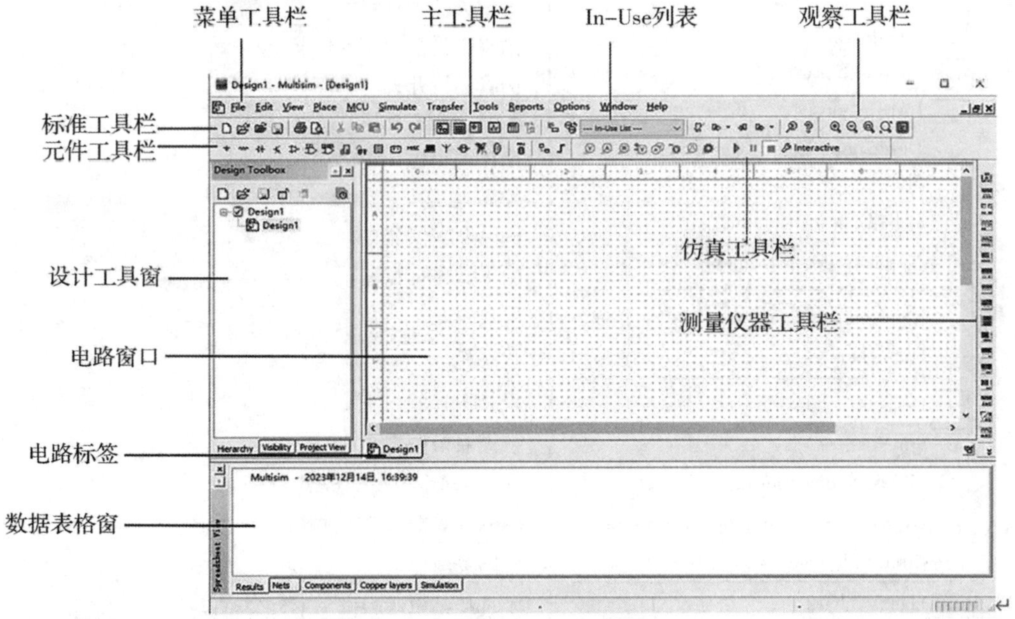

图 3.1-1　Multisim 14 主界面

Multisim 14 软件主界面主要由 Menu Toolbar（菜单工具栏）、Standard Toolbar

（标准工具栏）、View Toolbar（观察工具栏）、Main Toolbar（主工具栏）、Component Toolbar（元件工具栏）、Instruments Toolbar（测量仪器工具栏）、Design Toolbox（设计工具窗）、Circuit Windows（电路窗口）、Spreadsheet View（数据表格窗）、Active Circuit Tab（电路标签）、Simulation Switch（仿真运行开关）等组成。Multisim 14 提供了丰富的工具栏，鼠标在图 3.1-1 的任意工具栏位置单击右键就可以弹出如图 3.1-2 所示的工具栏定制菜单，利用该菜单就可以实现对各个工具栏的定制。

✓	Standard	标准工具栏
✓	View	观察工具栏
✓	Main	主工具栏
	Graphic Annotation	图形注释工具栏
	Analog components	理想模拟元器件
	Basic	基本虚拟元件
	Diodes	理想二极管元件
	Transistor components	理想晶体管元器件
	Measurements components	基本测量元器件
	Miscellaneous components	杂项器件工具栏
✓	Components	元件工具栏（实际器件库）
	Power source components	理想电源元件
	Rated virtual components	定值虚拟元件
	Signal source components	信号源元件
✓	Virtual	虚拟元件工具栏
✓	Simulation	仿真工具栏
✓	Simulation switch	仿真运行开关
✓	Instruments	测量仪器工具栏
	Description Editor	描述编辑栏
	MCU	MCU模块
	LabVIEW instruments	LabVIEW仪器
	NI ELVISmx instruments	NI ELVISmx仪器
	Ruler bars	标尺
	Status bar	状态栏
✓	Design Toolbox	设计工具窗
✓	Spreadsheet View	数据表格窗
	SPICE Netlist Viewer	SPICE网络表观察器
	LabVIEW Co-simulation Terminals	LabVIEW 仿真联调端口
	Circuit Parameters	电路参数窗口
✓	Lock toolbars	工具栏锁定或解锁（不打勾可以移动工具栏）
	Customize interface...	定制软件界面

图 3.1-2　工具栏定制菜单

3.1.1　Multisim 14 的常用工具栏

Multisim 14 提供了丰富的快捷工具栏，它们对应了菜单工具栏中部分常用的功能。为便于查询，本节简要给出部分常用工具栏快捷按钮的说明。

(1)标准工具栏与观察工具栏

如图 3.1-3 所示，标准工具栏实现了对文件的各种基本操作和常规的 Windows 编辑功能。观察工具栏提供了多种显示控制功能，可以方便地实现对所绘电路图的放大或缩小显示控制。

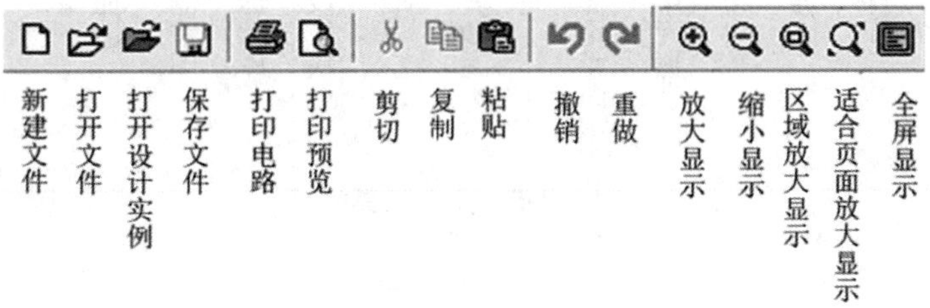

图 3.1-3　标准工具栏与观察工具栏

(2) 主工具栏及仿真运行开关

如图 3.1-4 所示，主工具栏中提供了利用 Multisim 14 进行电路设计与仿真的各种主要系统功能。In-Use 列表栏方便用户选用已有元件。仿真运行开关相当于实际操作实验中的总电源开关，它可以用来启动仿真或者停止正在进行的仿真，任何一个电路必须使用此开关启动仿真后才能够输出结果或有测量值。暂停仿真开关用于暂停或继续仿真过程，常用于观察示波器波形等情况。一般情况下，电路仿真设定时间后应及时暂停或停止仿真，以避免长时间的仿真过程产生的大量数据造成计算机内存紧张。图形记录仪能够记录各种分析要求下所产生的仿真图形，后期处理器能够对各种仿真结果进行后期处理。

图 3.1-4　主工具栏及仿真运行开关

(3)元件工具栏

如图 3. 1-5 所示，元件工具栏提供了从 Multisim 14 元件库中选择并放置元件到电路原理图中的快捷按钮。单击其中任何一个按钮都会打开选择元件窗口，只不过各自指向的组不同。在 Multisim 14 中元器件模型分为实际元器件模型和虚拟(理想)元器件模型两大类，本工具栏放置的都是实际元器件模型，其名称中不带有“Virtual” 字样，且没有背景色。

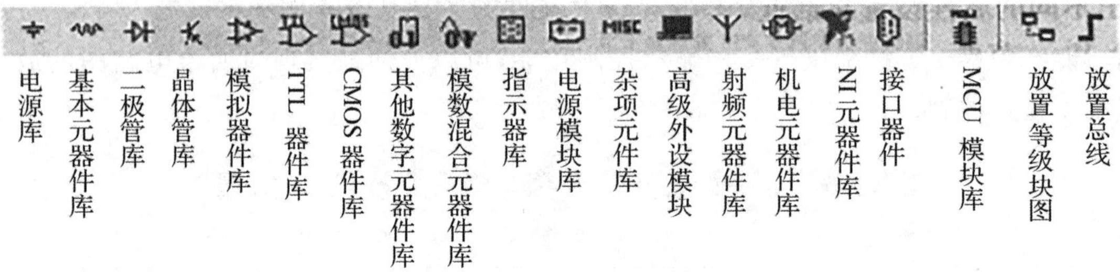

图 3. 1-5 元件工具栏

(4)虚拟元件工具栏

如图 3. 1-6 所示，虚拟元件工具栏主要是理想元器件模型的集合，是验证电路理论时最常用的一类元件。其元件名称中带有“Virtual”字样，快捷按钮有背景色。

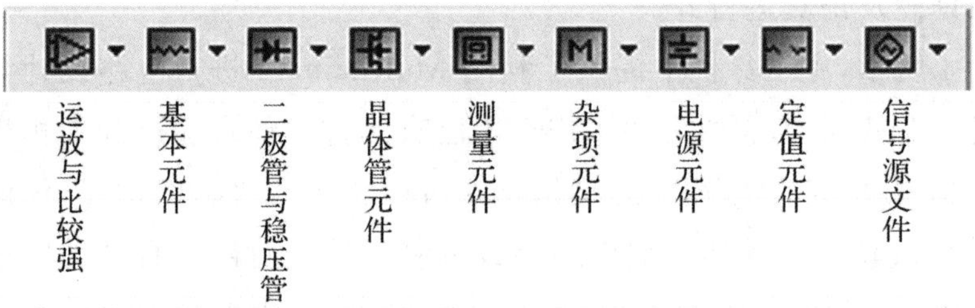

图 3. 1-6 虚拟元件工具栏

(5)测量仪器工具栏

如图 3. 1-7 所示，测量仪器工具栏提供了功率表、示波器等大量测量用仪器仪表的模型，以及函数信号发生器、字信号发生器等虚拟仪器，可以满足各种复杂电路分析与设计要求。通常该工具栏竖向位于电路窗口右侧，也可以拖放为横向位于电路窗口上侧或下侧。

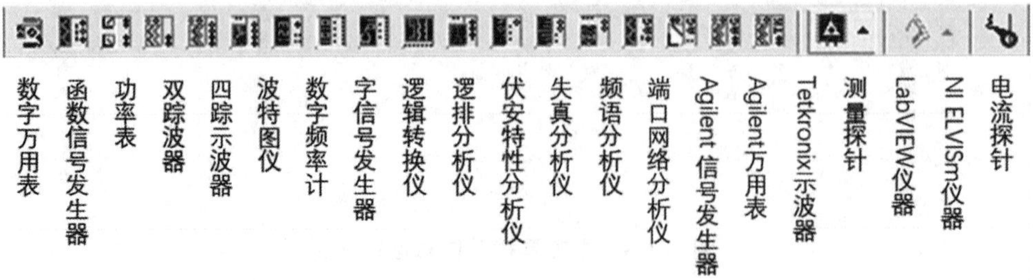

图 3. 1-7 测量仪器工具栏

3.1.2　Multisim 14 的菜单

Multisim 14 的所有功能都可以通过主菜单的相应命令来实现，本节简要说明部分常用菜单的作用。

(1)Edit 菜单

如图 3.1-8 所示，除了完成复制、粘贴等基本编辑功能外，Edit 菜单还提供了 Orientation (翻转工具)和 Properties (属性)等重要编辑工具。利用 Orientation (翻转工具)的子菜单可以实现对选中元器件进行顺时针或逆时针 90°旋转，也可以使选中的元器件进行水平或垂直翻转。Properties (属性)命令用于设置所选对象的属性，随着所选对象的不同，该命令会弹出不同的属性设置对话框。

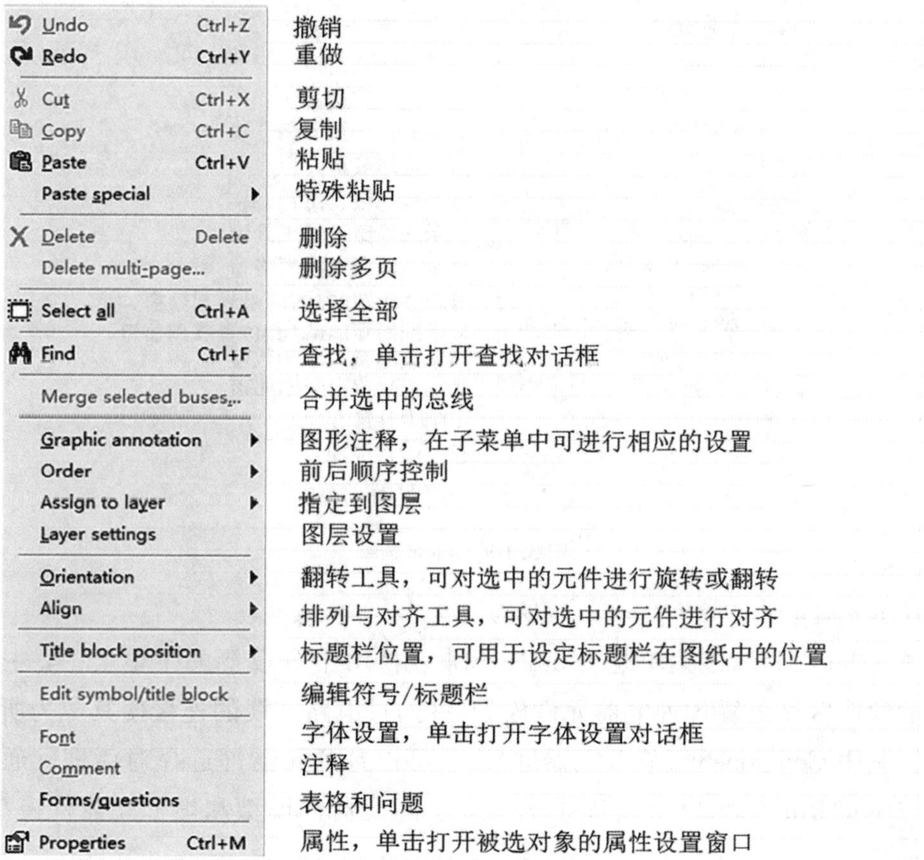

图 3.1-8　Edit 菜单

(2)View 菜单

如图 3.1-9 所示,该菜单除了提供对电路窗口的显示控制外,还提供了对整个 Multisim 14 界面各工具栏的显示控制。用户可以通过 Tool Bars 对主界面中的各种工具栏进行定制,使之符合自己的使用习惯。另外,Grapher 命令可以打开仿真图形记录仪,并利用该记录仪对仿真图形进行各种必要的分析。

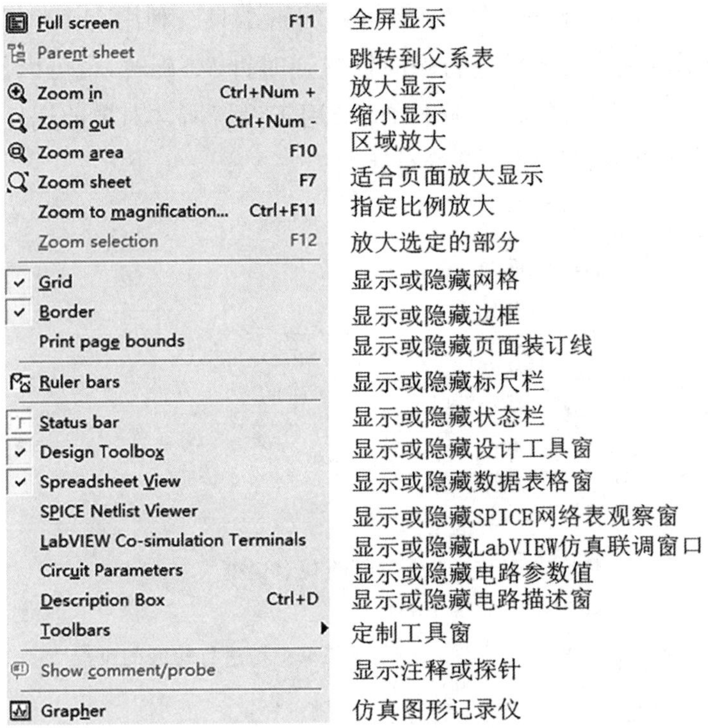

图 3.1-9 View 菜单

(3)Place 菜单

如图 3.1-10 所示,该菜单是 Multisim 14 软件中十分重要的菜单之一, 主要实现向软件的绘图区域放置各种电器元件模型,并通过电路连线的连接使其成为所需的电路结构。其中 Component (放置元器件)命令可以打开元器件选择对话框。通过该对话框可以浏览 Multisim 14 元件库中的所有实际元器件模型和虚拟元器件模型,并进行选择使用。

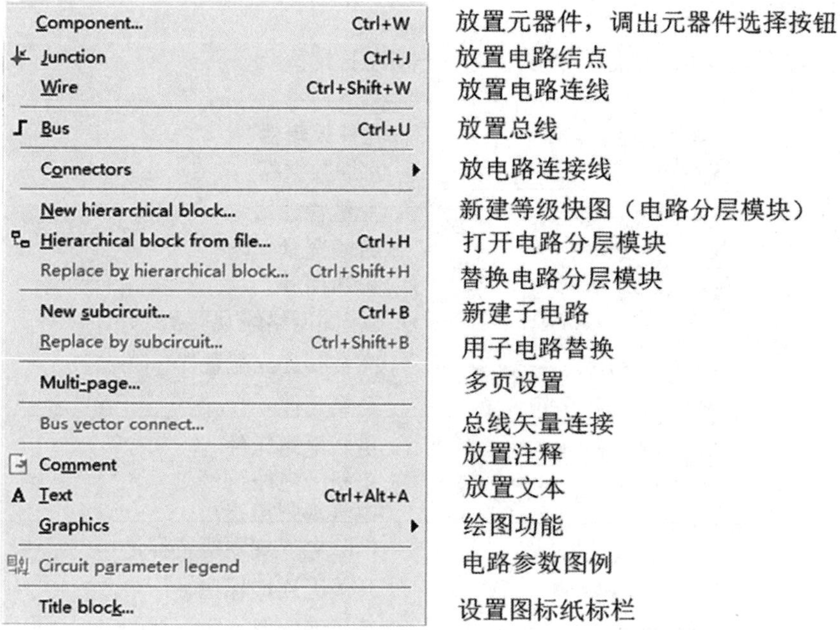

图 3.1-10　Place 菜单

(4)Simulate 菜单

如图 3.1-11 所示，该菜单是 Multisim 14 软件中十分重要的菜单之一，除了提供对仿真过程的控制命令外，还提供了进行电路仿真所必需的仿真参数设置、仪器仪表选择、仿真分析方法选择等重要的功能。

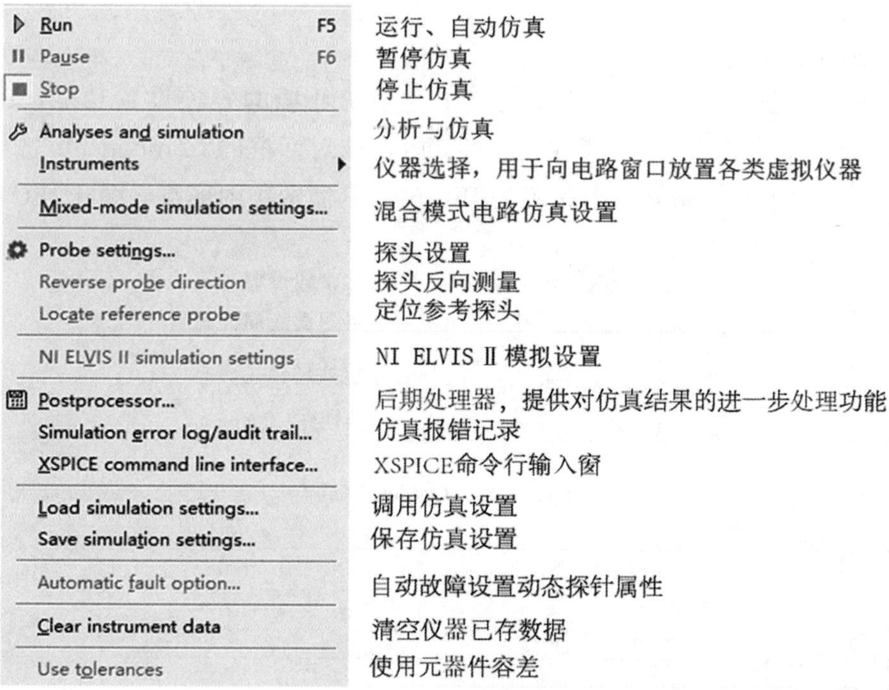

图 3.1-11　Simulate 菜单

(5)TooL 菜单

如图 3. 1-12 所示，Tool 菜单提供了多种辅助工具。

图 3. 1-12　Tool 菜单

(6)Options 菜单

如图 3. 1-13 所示，Options 菜单提供了对系统环境的各项设置功能，其中，执行 Global Options 命令弹出总体参数设置对话框，在该对话框的 Components 选项卡中可以将符号标准(Symbol Standard)设置为 IEC 60617(简图用图形符号国际 IEC 标准)。

图 3. 1-13　Options 菜单

3.2　Multisim 14 的元件库与基本操作

3.2.1　Multisim 14 的元件库

Multisim 14 提供了一个庞大的元件库，不仅包含了大量的实际元器件模型，还包含了丰富的虚拟元器件模型。熟悉这些元件模型对于快速准确地建立仿真电路十分必要。执行菜单命令“Place”→“Component”(放置元器件，快捷键 Ctrl+W)可以打开元器件选择对话框，如图 3.1-10 所示。通过该对话框可以浏览 Multisim 14 元件库中的所有实际元器件模型和虚拟元器件模型，并进行选择使用。另外，在元件工具栏中直接单击任一快捷按钮均可以打开元器件选择对话框。

根据图 3.2-1 可知，元件库 Database(数据库)被分为 Master Database (主数据库)、Corporate Database (公共数据库)和 User Database (用户数据库) 3 大类。Master Database 又分为若干 Group(分组)，每一个分组又分为若干 Family (元器件系列)，当选中某 Family 时，会在 Component(元器件)对话框中显示该元器件系列中的元器件列表。

图 3.2-1　元件库包含的元件分组

(1)Sources (电源库，见图 3.2-2)

电源库的 Family 列表包含了各种交流电源、直流电源、接地端、受控源模块等元器件，是最常用的元件库之一。

POWER_SOURCES	功率电源
SIQNAL_VOLTAGE_SOURCES	信号电压源
SIGNAL_CURRENT_SOUROES	信号电流源
CONTROLLED_VOLTAGE_SOURCES	受控电压源
CONTROLLED_CURRENT_SOURCES	受控电流源
CONTROL_FUNCTION_BLOCKS	控制函数功能模块
DIGITAL_SOURCES	数字电源

图 3.2-2　电源库的 Family 元件列表

(2)Basic (基本元器件库,见图 3.2-3)

基本元器件库包含了各种规格的电阻、电感、电容、开关、变压器以及继电器等元器件,是进行电路设计与仿真最常用的元器件库之一。注意在基本元器件库的 Family 列表中,SCHEMATIC_ SYMBOLS 元件组中的元件不能用来组建仿真电路,这些元件符号只用在 Uli-board 制版时作为示意图标使用,因为它们没有任何电气特性。

BASIC_VIRTUAL	基本虚拟元件
RATED_VIRTUAL	定值虚拟元件
RPACK	电阻组件
SWITCH	开关器件
TRANSFORMER	变压器模块
NON_IDEAL_RLC	非理想RLC元件(可设置为非线性RLC)
RELAY	继电器
SOCKETS	插座
SCHEMATIC_SYMBOLS	制版示意元件
RESISTOR	电阻元件
CAPACITOR	电容元件
INDUCTOR	电感元件
CAP_ELECTROLIT	电解电容
VARIABLE_RESISTOR	可变电阻
VARIABLE_CAPACITOR	可变电容
VARIABLE_INDUCTOR	可变电感
POTENTIOMETER	电位器
MANUFACTURER_CAPACITOR	制造商电容

图 3.2-3　基本元器件库

(图 4.7—4.TIF3)Diodes (二极管库)

如图 3.2-4 所示,二极管库包含了各种不同用途的二极管器件,并提供了具体的型号以便选择。

DIODES_VIRTUAL	虚拟二极管
DIODE	二极管
ZENER	齐纳二极管（稳压管）
SWITCHING_DIODE	开关二极管
LED	发光二极管
PHOTODIODE	光电二极管
PROTECTION_DIODE	保护二极管（用于过压保护等场合）
FWB	二极管整流桥
SCHOTTKY_DIODE	肖特基二极管
SCR	单向可控硅
DIAC	双向二极管
TRIAC	双向可控硅
VARACTOR	变容二极管
TSPD	晶闸管流涌保护装置
PIN_DIODE	PIN 二极管

图 3.2-4　二极管库

(4)Transistors（晶体管库，见图 3.2-5）

TRANSISTORS_VIRTUAL	虚拟晶体管
BJT_NPN	双极性NPN晶体管
BJT_PNP	双极性PNP晶体管
BJT_COMP	双极性晶体管对管
DARLINGTON_NPN	达林顿NPN晶体管
DARLINGTON_PNP	达林顿PNP晶体管
BJT_NRES	内电阻偏置NPN晶体管
BJT_PRES	内电阻偏置PNP晶体管
BJT_CRES	内电阻偏置晶体管对管
IGBT	绝缘栅双极型晶体管阵列
MOS_DEPLETION	N沟道耗尽型金属氧化物半导体场效应晶体管
MOS_ENH_N	N沟道增强型金属氧化物半导体场效应晶体管
MOS_ENH_P	P沟道增强型金属氧化物半导体场效应晶体管
MOS_ENH_COMP	增强型金属氧化物半导体场效应管对晶体管
JFET_N	N沟道耗尽型结型场效应晶体管
JFET_P	P沟道耗尽型结型场效应晶体管
POWER_MOS_N	N沟道MOS功率晶体管
POWER_MOS_P	P沟道MOS功率晶体管
POWER_MOS_COMP	MOS功率对管
UJT	单结晶体管
THERMAL_MODELS	温度模型

图 3.2-5　晶体管库

(5)Analog（模拟器件库，见图 3.2-6）

(6)TTL（TTL 器件库，见图 3.2-7）

ANALOG_VIRTUAL	虚拟模拟器件
OPAMP	运算放大器
OPAMP_NORTON	诺顿运算放大器
COMPARATOR	比较器
DIFFERENITIAL_AMPLIFIERS	差分放大器
WIDEBAND_AMPS	变频放大器
QUDIO_AMPLIFIER	音频放大器
CURRENT_SENSE_AMPLIFIERS	
INSTRUMENTATION_AMPLIFIERS	电流感应放大器
SPECIAL_PUNCTION	仪用放大器

图 3.2-6　模拟器件库

74STD	74STD系列
74STD_IC	集成74STD系列
74S	74S系列
74S_IC	集成74S系列
74LS	74LS系列
74LS_IC	集成74LS系列
74F	74F系列
74ALS	74ALS系列
74AS	74AS系列

图 3.2-7　TTL 器件库

(7)CMOS (CMOS 器件库,见图 3.2-8)

CMOS_5V	CMOS工艺，5V电压供电40系列
CMOS_5V_IC	CMOS工艺，5V电压供电40系列，集成元件
CMOS_10V	CMOS工艺，10V电压供电40系列
CMOS_10V_IC	CMOS工艺，10V电压供电40系列，集成元件
CMOS_15V	CMOS工艺，15V电压供电40系列
74HC_2V	CMOS工艺，2V电压供电74HC系列
74HC_4V	4V，74HC系列
74HC_4V_IC	4V，74HC系列，集成元件
74HC_6V	6V，74HC系列
TinyLogic_2V	CMOS工艺，2V电压供电NC7S系列
TinyLogic_3V	3V，NC7S系列
TinyLogic_4V	4V，NC7S系列
TinyLogic_5V	5V，NC7S系列
TinyLogic_6V	6V，NC7S系列

图 3.2-8　COMS 器件库

(8)MCU Module (MCU 模块库,见图 3.2-9)

(9)Advanced Peripherals (高级外设模块,见图 3.2-10)

805x	8051/8052单片机
PIC	PIC16F84/PIC16F84A单片机
RAM	读/写存储器模块
ROM	只读存储器模块

图 3.2-9　MCU 模块库

KEYPADS	键盘组件
LCDS	LCD显示屏模块
TERMINALS	液晶屏模块
MISC_PERIPHERALS	杂项外设

图 3.2-10　高级外设模块

(10)Misc Digital (其他数字元器件库,见图 3.2-11)

TIL	与、或、非等数字器件
DSP	DSP 芯片，数字信号处理器
FPGA	FPGA 芯片，在线可编程逻辑器件
PLD	PLD 芯片，可编程逻辑器件
CPLD	CPLD 芯片，复杂可编程逻辑器件
MICROCONTROLLERS	微控制器
MICROCONTROLLERS_IC	微控制器，集成芯片
MICROPROCESSORS	微处理器
MEMORY	存储器系列
LINE_DRIVER	线信号驱动器件
LINE_RECEIVER	线信号接收器件
LINE_TRANSCEIVER	线信号收发器件
SWITCH_DEBOUNCE	开关去抖器件

图 3.2-11　其他数字元器件库

(11)Mixed (模数混合元器件库,见图 3.2-12)

MIXED_VIRTUAL	混合虚拟元件
ANALOG_SWITCH	模拟开关
ANALOG_SWITCH_IC	虚拟开关，集成元件
TIMER	定时器
ADC_DAC	模数-数模转换器
MULTIVIBRATORS	多谐振荡器
SENSOR_INTERFACE	传感器接口

图 3.2-12　模数混合元器件库

(12)Indicators (指示器库,见图 3.2-13)

VOLTMETER	电压表
AMMETER	电流表
PROBE	指示灯（虚拟器件）
BUZZER	蜂鸣器
LAMP	灯泡
VIRTUAL_LAMP	虚拟灯泡
HEX_DISPLAY	16进制显示器（虚拟器件）
BARGRAPH	排型LED（虚拟器件）

图 3.2-13　指示器库

(13)Power (电源模块库,见图 3.2-14)

POWER_CONTROLLERS	电源控制器
SWITCHES	开关器件
SWITCHING_CONTROLLER	开关电源控制器
HOT_SWAP_CONTROLLER	热交换控制器
BASSO_SMPS_CORE	数字开关电源核心模块
BASSO_SMPS_AUXILIARY	数字开关电源辅助模块
VOLTAGE_MONITOR	电压监控器
VOLTAGE_REFERENCE	基准电压管
VOLTAGE_REGULATOR	稳压管
VOLTAGE_SUPPRESSOR	瞬态电压抑制器
LED_DRIVER	LED照明驱动器
RELAY_DRIVER	继电器电感负载驱动器
PROTECTION_ISOLATION	隔离保护模块
FUSE	熔断器
THERMAL_NETWORKS	热网络
MISCPOWER	杂项电源器件

图 3.2-14　电源模块库

(14)Misc (杂项元件库,见图 3.2-15)

MISC_VIRTUAL	虚拟杂项元件
TRANSDUCERS	热电偶放大器
OPTOCOUPLER	光电耦合器
CRYSTAL	晶体振荡器
VACUUM_TUBE	真空电子管
BUCK_CONVERTER	BUCK 转换器(降压模块)(虚拟器件)
BOOST_CONVERTER	BOOST 转换器(升压模块)(虚拟器件)
BUCK_BOOST_CONVERTER	BUCK_BOOST 转换器(升降压模块)
LOSSY_TRANSMISSION_LINE	有损耗传输线(虚拟器件)
LOSSLESS_LINE_TYPE 1	无损耗线路_类型 1(虚拟器件)
LOSSLESS_LINE_TYPE 2	无损耗线路_类型 2(虚拟器件)
FILTERS	滤波器
MOSFET_DRIVER	MOSFET 驱动器
MISC	杂项元器件
NET	网络接口

图 3.2-15　杂项元件库

(15)RF(射频元器件库,见图 3.2-16)

RF_CAPACITOR	射频电容
RF_INDUCTOR	射频电感
RF_BJT_NPN	射频双结型NPN晶体管
RF_BJT_PNP	射频双结型PNP晶体管
RF_MOS_3TDN	射频N沟道耗尽型 MOS 管
TUNNEL_DIODE	隧道二极管
STRIP_LINE	带状线
FERRITE_BEADS	铁氧体磁珠

图 3.2-16　射频元器件库

(16)Electro Mechanical (机电元器件库,见图 3.2-17)

MACHINES	电机模块
MOTION_CONTROLLERS	机电控制器
SENSORS	机电传感器
MECHANICAL_LOADS	机械负载模块
TIMED_CONTACTS	同步触点
COILS_RELAYS	线圈继电器
SUPPLEMENTARY_SWITCHES	辅助开关
PROTECTION_DEVICES	保护装置

图 3.2-17　机电元器件库

3.2.2　Multisim 14 的基本操作

本节将以图 3.2-18 所示仿真电路为例,介绍利用 Multisim 14 建立仿真电路的各种基本操作。本电路元件都采用虚拟元件,其中函数信号发生器的输出是幅值为 5V、频率为 50Hz 的方波电压信号,元件符号模型采用默认的 ANSI 体系。

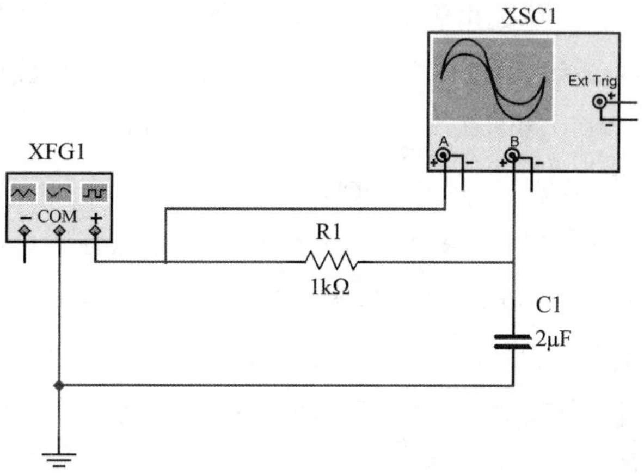

图 3.2-18　RC 一阶电路方波响应仿真电路图

(1)放置元器件

对于结构简单、元件数量较少的

电路，可以采取先在电路窗口一次性放置好所需元件再连线的方式，尽量避免放一个元件连一条导线。如图 3.1-1 所示 Multisim 14 主界面中，鼠标左键单击基本虚拟元件快捷按钮旁边的小三角，在出现的菜单中找到虚拟电阻元件(Place Virtual Resistor) 单击鼠标左键后，移动到绘图区域的适当位置，再次单击鼠标左键放置该元件。按照同样的方法，在基本虚拟元件中找到虚拟电容元件(Place Virtual Capacitor)并放置到绘图区的适当位置；在虚拟电源元件图中找到接地端(Place Ground，模拟地)，并放置到绘图区的适当位置；在仪器仪表工具栏(图 3.1-7)分别找到函数信号发生器和示波器到并放置到绘图区，此时电路如图 3.2-19 所示。

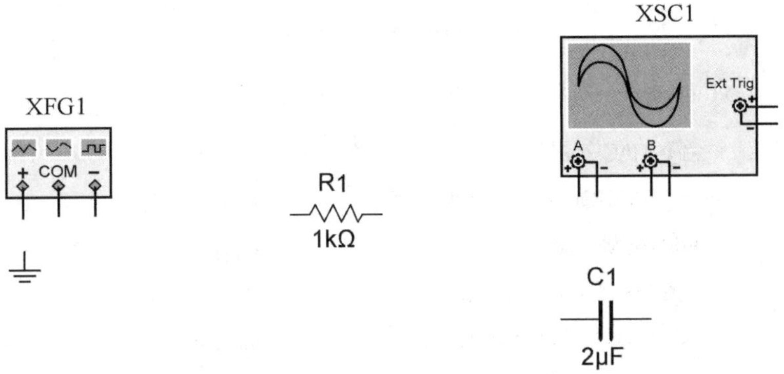

图 3.2-19　放置元器件

(2)设置元器件属性

元器件放置到绘图区后可能会遇到两类问题：元器件的某些参数需要进一步设定；元器件的位置需要移动、旋转或翻转以使电路结构更加合理紧凑。针对本例，双击图 3.2-19 中的电容 C1，在弹出的属性设置对话框“Value” 选项卡中修改“Capacitance(C)”的值为“2.0μ”，单击“OK”按钮确定；双击函数信号发生器 XFG1，在弹出的属性设置对话框中按图 3.2-20 所示进行设置，设置完毕后单击该图右上方的小红叉关闭该对话框。图 3.2-19 中有两个元件还需要调整位置。在电容上单击鼠标右键，在弹出的右键菜单上选择“Rotate 90°Clockwise”或选中电容后直接按组合键 Ctrl +R，可将该元件顺时针旋转 90°，直接拖动电容到合适的位置。对于图 3.2-19 中的函数信号发生器，可以在其上单击鼠标右键，在弹出的右键菜单上选择“Flip Horizontally”或选中该元件后直接按组合键 Alt+X，可将该元件水平翻转一次。将各元件的位置及方向调整为图 3.2-21 所示。

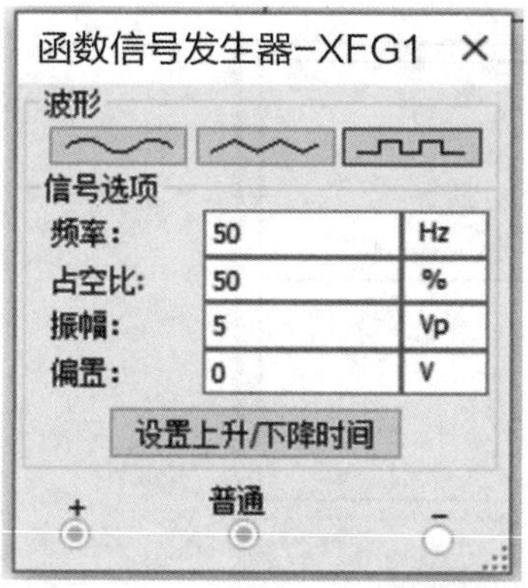

图 3.2-20　函数信号发生器参数设置

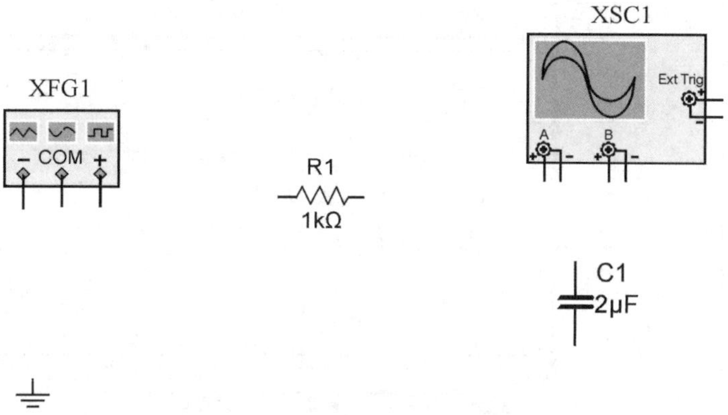

图 3.2-21　参数及位置调整后的元件布局

(3)连线及其属性

Multisim 14 支持非常简洁的连线方式。用鼠标左键单击图 3.2-21 中的函数信号发生器的"+"极性端(确定连线起点),将鼠标移动到电阻左端并单击鼠标左键(确定连线终点),此时这两个端子之间就会自动形成一条连线。依次用导线连接各元件,可以发现所有导线为默认的红色。对于双踪示波器来说,同样的信号颜色往往导致仿真曲线不易观测,因此在其 B 通道的导线上单击鼠标右键,选择"Segment Color",在弹出的色盘中选择蓝色确定,即可将该线段设置为蓝色。有时需要对连线位置进行调整,直接用鼠标拖动即可。如果需要显示结点编号,则使用快捷组合键 Ctrl+M 调出"Sheet Properties" 页面属性设置对话框,在"Sheet Visibility"选项卡中找到"Net Names"属性,选中"Show All"即可。调整完毕的电路图如图 3.2-18 所示。

(4)常用编辑操作

Multisim 14 常用编辑操作如复制、粘贴、删除元件等,都与 Windows 的相应编辑操作的用法相一致。如需删除某元件,只需选中该元件,按 Delete 键即可。

(5)启动仿真,观察波形

通常在启动仿真前应该确认电路连接无误。注意电路必须有至少一个接地点以保证仿真准确。一般情况下,在启动仿真前应双击示波器,打开示波器显示窗口以便观察仿真波形。单击快捷工具栏上的启动仿真按钮后开始仿真,仿真一段时间后可按下暂停仿真按钮或者直接关闭仿真。在示波器窗口可以看到测得的仿真波形如图 3.2-22 所示,注意图 3.2-22 中的时基取值及 A、B 通道的坐标设置。单击"Reverse"按钮可以切换显示窗口的背景色在黑、白之间变化。

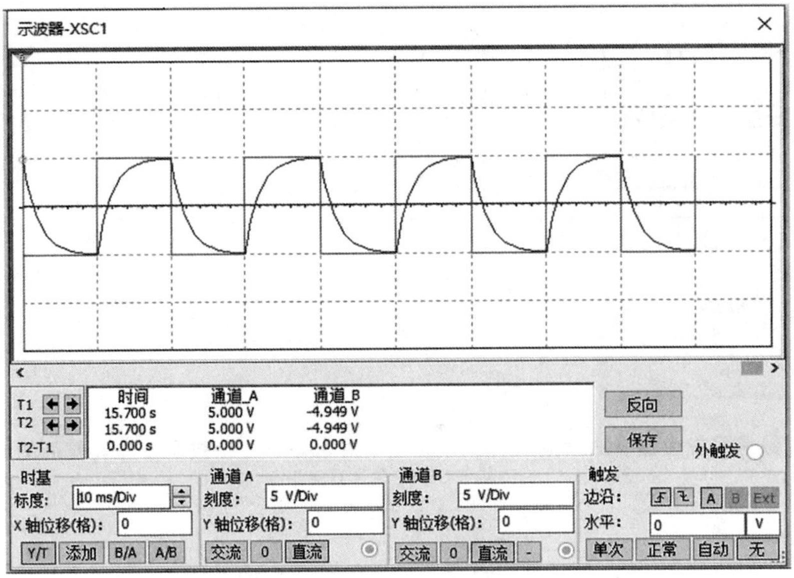

图 3.2-22　示波器波形及参数设置

3.3　Multisim 14 的虚拟仪器

电路在进行仿真分析时，电路的运行状态和结果要通过有关测量仪器来进行测量与显示。Multisim 14 提供了测量仪器工具栏（图 3.1-7）与指示器库（图 3.2-13），包含了丰富的仪器仪表及指示器，用于进行有关电物理量的测量与显示。用户通过仪器仪表图标的外接端子，将仪器仪表正确接入电路中，双击仪器仪表图标弹出仪器仪表属性设置面板进行相关设置、显示等操作，并可以用鼠标将仪器仪表面板拖动到电路窗口任意位置。

指示器库（Indicators）中包含了各种电压表（Voltmeter）、电流表（Ammeter）、指示灯（Probe）、蜂鸣器（Buzzer）、灯泡（Lamp）、十六进制显示器（HEX Display）等指示仪器。

电压表和电流表是电路仿真与设计中最常用的测量仪表。在选用直流电压表或直流电流表时，可以根据该表在电路中的连接方向进行选择，以减少测量连线的弯曲，使电路更加清晰。可供选择的电压表和电流表方向见表 3.3-1。将电压表或电流表放置到电路中后，可以双击电压表或电流表，弹出属性设置面板。在属性设置面板中可以设置该表的 Mode 为直流仪表（DC）还是交流仪表（AC），Multisim 14 默认都是直流仪表。

电压表用来测量电路中两点间的电压，测量时，将电压表与被测电路的两点并联。测量直流电路中的电压时，采用直流电压表，其读数为被测电压的大小；测量交流电路中的电压时，采用交流电压表，其读数为被测电压的有效值（RMS）；测量既含有直流又含有交流的电压信号（如非正弦周期电压信号）时，采用直流电压表时的读数为去除交流信号成分后的直流分量值，采用交流电压表时的读数为去除直流信号成分后的交流分量所构成的有效值（RMS）。

表 3.3-1　直流电压表与直流电流表的方向

电压表		电流表	
VOLTMETER_H	水平方向，左正右负	AMMETER_H	水平方向，左正右负
VOLTMETER_HR	水平方向，左负右正	AMMETER_HR	水平方向，左负右正
VOLTMETER_V	垂直方向，上正下负	AMMETER_V	垂直方向，上正下负
VOLTMETER_VR	垂直方向，上负下正	AMMETER_VR	垂直方向，上负下正

电流表用来测量电路中某支路的电流，测量时，将电流表与被测支路相串联。测量直流电路中的电流时，采用直流电流表，其读数为被测电流的大小；测量交流电路中的电流时，采用交流电流表，其读数为被测电流的有效值（RMS）；测量既含有直流又含有

交流的电流信号(如非正弦周期电流信号)时,采用直流电流表时的读数为去除交流信号成分后的直流分量值,采用交流电流表时的读数为去除直流信号成分后的交流分量所构成的有效值(RMS)。

由于直流仪表和交流仪表分别适用于不同的电路,因此在具体电路应用时应当特别注意。电压表的预置内阻为 10MΩ,以保证接入电路时不会对原电路产生影响。但当被测电路的电阻值很大或接近电压表内阻的大小时,就需要提高电压表的内阻以获得更精确的测量结果。如果在低电阻电路中使用极高内阻的电压表,可能会导致仿真结果错误。同理,电流表的预置内阻为 $10^{-9}\Omega$,以保证接入电路时不会对原电路产生影响。但当被测电路的电阻值很小或接近电流表内阻的大小时,就需要减小电流表的内阻以获得更精确的测量结果。如果在高电阻电路中使用极低内阻电流表,可能会导致仿真结果错误。通常对于 Multisim 14 的电压表、电流表的内阻值采取默认设置,如有特殊需要也可以在属性设置面板中手动设置。

指示灯(Probe)是一种虚拟器件,包含了各种颜色的指示灯,通过灯的点亮或熄灭来指示某一点信号的电压状态。蜂鸣器(Buzzer)用于实现对信号的声音指示。灯泡(Lamp)提供了多种实际灯泡型号供选用,另外 Multisim 14 还提供了虚拟灯泡(Vitual Lamp),可以任意设置其参数。十六进制显示器(HEX_ Display)也是一种虚拟器件,包含了多种数码显示管。排型 LED (Bargraph)也是一种虚拟器件,包含了三种不同型号的排型 LED 器件,用于实现排型 LED 显示。

指示器库中的器件只能实现对电压、电流信号的简单测量与指示,为满足更复杂的测量要求,Multisim 14 还提供了测量仪器工具栏。测量仪器工具栏主要包括数字万用表、函数信号发生器、功率表、示波器、波特图仪、字信号发生器、逻辑分析仪、逻辑转换仪、失真分析仪、网络分析仪、频谱分析仪、测量探针等各种常用仪器仪表。

选用仪器仪表时,鼠标在测量仪器工具栏的相应位置悬停一下,就会有关于该仪器仪表的名称提示。鼠标左键单击该仪器仪表,并移动到电路设计窗口的相应位置,再次单击鼠标左键即可实现对该仪器仪表的选用。将仪器仪表图标上的连接端(接线柱)与电路的相应结点相连接,按照仪器仪表使用规范接入电路。双击电路中的仪器仪表图标即可打开仪器仪表设置面板或属性设置对话框。可以用鼠标操作仪器仪表设置面板上的相应按钮,或在属性设置对话框中进行相关参数的设置。在仿真测量或观测过程中,也可以根据测量或观测结果的需要及时调整仪器仪表的相关参数。

3.3.1 数字万用表(Multimeter)

数字万用表(Multimeter)是一种多用途的数字显示仪表,可以用于测量交直流电压、交直流电流、电阻值以及电路中两点之间的分贝损耗，它可以自动调整量程（即用户无需调整其量程，其内阻等参数都按理想状态设定好了）。

双击图 3.3-1 所示的数字万用表的图标，可以得到图 3.3-1 右侧所示的数字万用表面板。该面板上各个按钮的含义如下：

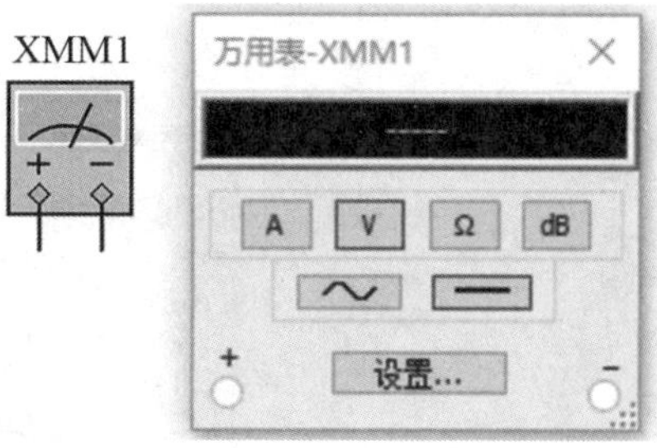

图 3.3-1　万用表图标及面板

（1）“～”按钮

该按钮按下时，万用表用作交流仪表。该按钮按下常用于下列情况：在正弦稳态电路中用于测量交流电压或交流电流信号的有效值；在非正弦电流电路中用于测量所有非直流信号所产生的非正弦电压或电流信号的均方根（RMS）值。

（2）“—”按钮

该按钮按下时，万用表用作直流仪表。该按钮按下常用于下列情况：在直流电路中用于测量直流电压或直流电流信号的大小，在接入电路时应尽量注意参考极性；在非正弦电流电路中用于测量非正弦电压或电流信号的直流分量值。

（3）“A”按钮

该按钮按下时，万用表用作电流表。若按钮“～”也处于按下状态，表示将万用表用作交流电流表；若按钮“—”也处于按下状态，表示将万用表用作直流电流表。当万用表用作电流表时，应当与被测支路串联连接。

（4）“V”按钮

该按钮按下时，万用表用作电压表。若按钮“～”也处于按下状态，表示将万用表用作交流电压表；若按钮“—”也处于按下状态，表示将万用表用作直流电压表。当万用表用作电压表时，应当将两个连接端子分别连接到对应的结点上，或与被测支路并联。Multisim 14 中，万用表的默认设置为直流电压表。

（5）“Ω” 按钮

该按钮按下时，万用表用作欧姆表，用于测量待测电阻元件的电阻值，或某纯电阻电路任意两点之间的等效电阻值。在测量单个元件的电阻值时，需将万用表连接到待测电阻元件的两端，此时，应保证待测电阻元件周围所在电路中没有电源连接，也没有其他元件或元件网络并联到待测元件上。欧姆表可以产生一个默认为 10 nA 的电流，该值可以通过单击面板上的“设置”按钮进行修改。

（6）“dB”按钮

该按钮按下时，万用表用作分贝仪，用于测量待测负载的分贝衰减值。

(7)“设置”按钮

单击该按钮时,弹出数字万用表内部参数设置对话框,如图 3.3-2 所示。

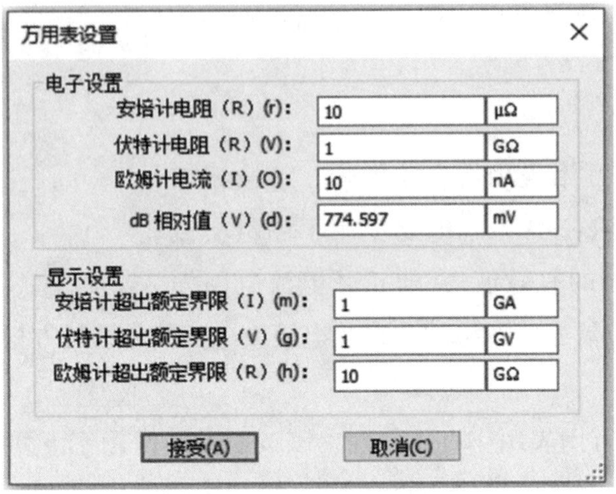

图 3.3-2　数字万用表内部参数设置对话框

3.3.2　**函数信号发生器**(Function Generator)

函数信号发生器(Function Generator)作为一种常用的电压信号源,可以产生正弦波、三角波和方波电压信号。双击图 3.3-3a 所示的函数信号发生器的图标,可以得到图 3.3-3b 所示的函数信号发生器面板。从函数信号发生器的图标与面板均可看出,该仪器共有 3 个端子可与外电路相连接,即参考正极性端、公共端(Common)、参考负极性端。通常公共端(Common)接地,在参考正极性端与公共端之间输出一个最大值为 Amplitude 的正极性信号;在参考负极性端与公共端之间输出一个最大值为 Amplitude 的负极性信号。

函数信号发生器产生电压信号的波形、频率、占空比、幅度、直流偏移量等都可以通过在函数信号发生器的面板中进行设置和调节,其能够产生的电压信号的频率范围足够宽,可以从一般的低频交流信号到音频、无线电频率直至更高频信号频率范围。

在图 3.3-3(b)所示的函数信号发生器面板中,波形栏中的三种波形按钮分别表示函数信号发生器所产生的信号类型是正弦波、三角波和方波,可以通过鼠标单击实现波形选择。信号选项栏可以对波形栏中选取的波形信号进行相关参数的指定与设置。其中,频率用于设置所产生信号的频率,范围为 1Hz ～ 1000THz,用户在使用时需要注意单位。占空比用于设置所产生信号的占空比,范围为 1%～99%,该项设置仅对三角波

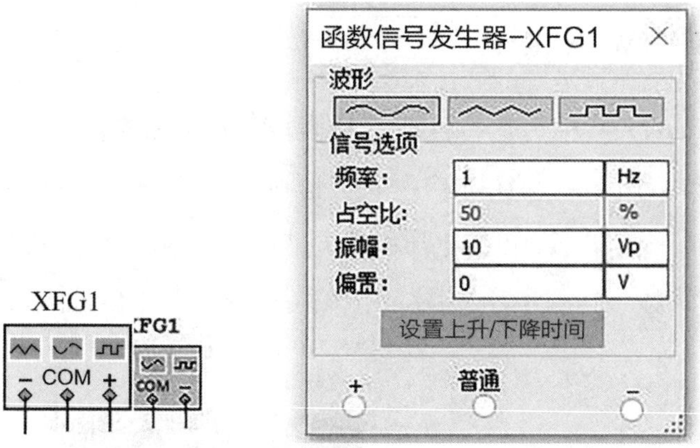

(a) (b)

图 3.3-3 函数信号发生器图标及面板

(a)函数信号发生器图标;(b)函数信号发生器面板

和方波有效。振幅用于设置参考正极性端与公共端(Common)之间的电压信号的峰值,亦即最大值,范围为 1Vp～ 1000TVp,该值同时影响参考负极性端与公共端之间的电压信号输出大小。偏置用于设置直流偏移电压值,默认为 0,如果设置为具体值,则所产生的信号将向上或向下平移一定的值。当产生方波电压输出信号时,设置上升/下降时间按钮有效,单击该按钮,在弹出的对话框中可以设置方波信号的上升沿和下降沿所用的时间,默认值为 10ns。

用户可以采用如图 3.3-4 所示的连接方式,通过调节函数信号发生器的参数并利用示波器观测输出波形,来进一步掌握函数信号发生器的参数对输出波形的影响。

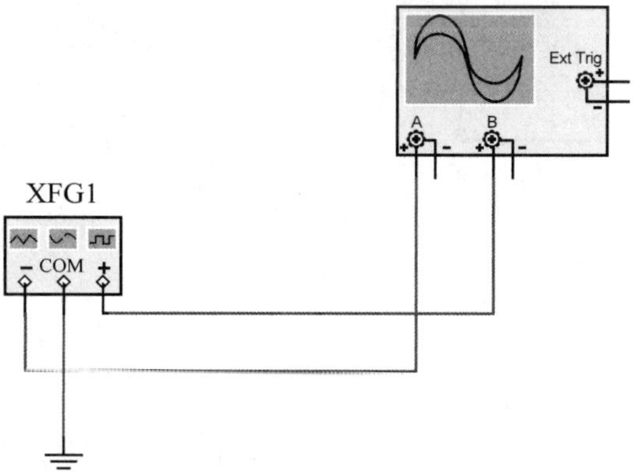

图 3.3-4 函数信号发生器的输出信号观测

3.3.3　功率表(Wattmeter)

功率表(Wattmeter) 又称为瓦特计或瓦特表,可以用来测量交流、直流电路的功率,其图标与面板如图 3.3-5 所示。与实际功率表类似,功率表图标中包括电压线圈的两个端子和电流线圈的两个端子。在使用时,电压线圈应与被测电路处于并联状态,电流线圈应与被测电路处于串联状态。一般电压线圈与电流线圈的参考正极性端应连接在一起。

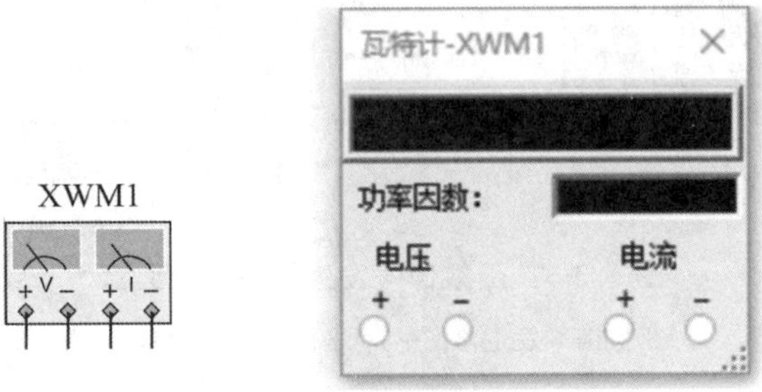

图 3.3-5　功率表图标及面板

图 3.3-6 所示为功率表的常见测量电路。该电路在连接完毕后执行仿真,在功率表面板有相应的读数。图 3.3-6 所示电路中功率表的读数含义是 RLC 串联电路在所给电源作用下的平均功率及功率因数,分别是 $P=1.802\text{W}$ 及 $\lambda=0.35380$。功率表会自动调整平均功率的单位,"功率因数"栏内显示的功率因数值在 0～1 之间。

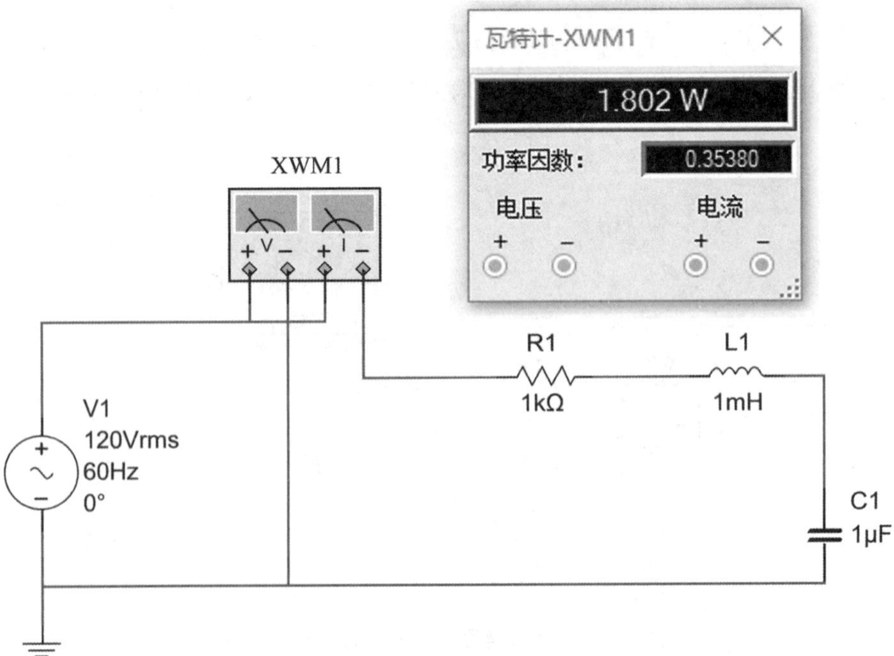

图 3.3-6　功率表的使用示例仿真电路

3.3.4　示波器(Oscilloscope)

示波器(Oscilloscope)是用来显示电压信号波形的形状、大小、频率等参数最为常用的仪器之一。示波器的图标与面板如图 3.3-7 所示。

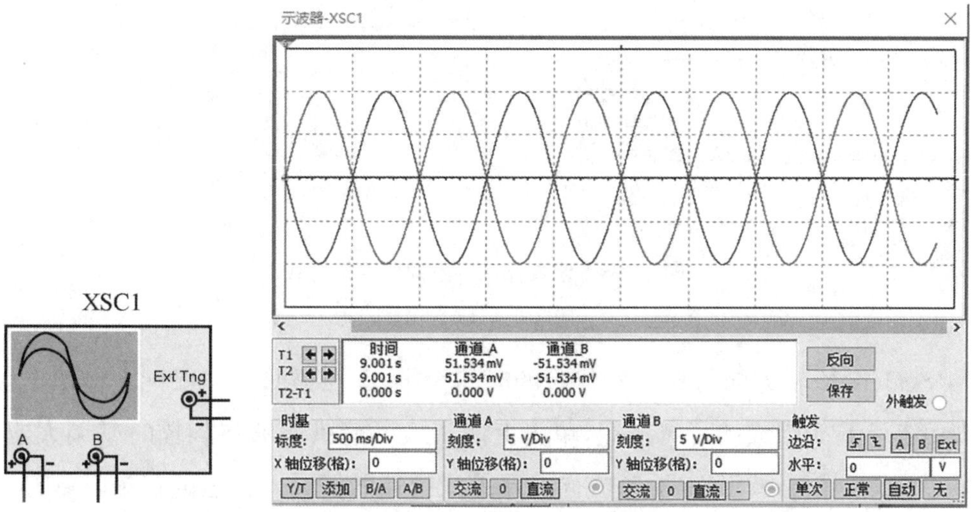

(a)　　　　　　(b)

图 3.3-7　示波器图标及面板

(a)示波器图标;(b)示波器面板

示波器(Osilloscope) 有 A、B 两个测量通道,每个通道均具有差分测量模式,每个通道分别引出"+""—"两个端子,每个通道各自测量一个电压信号并显示其波形。当同时测量两组电压信号时,为了避免在显示波形的时候因曲线颜色一致而导致辨别困难,通常应该将信号线设置为不同的颜色以利于区分。在需要改变颜色的连接线上单击鼠标右键,选择"Segment Color",在弹出的色盘中选择需要改变的颜色,即可改变连线的颜色,示波器波形的颜色会随之而变。示波器测量电压信号时有两种常用的方法,图 3.3-8 给出了这两种不同的方法。在图 3.3-8(a)中,两个测量通道的"—"端子均不使用,此时各通道测量的信号是各通道的"+"端子与电路的"地"之间的电压,相当于结点电压。在图 3.3-8b 中,两个测量通道均采用差分测量模式,此时各通道测量的信号是各通道的"+"端子与"—"端子之间的电压信号。用户在使用示波器时应当注意这两种不同接法的区别与联系,根据具体要求合理进行选择。

示波器的面板中包含了信号波形显示区以及示波器各项设置,熟练掌握这些设置对于准确分析波形十分必要,简要介绍如下:

(1) Timebase 栏:用于设置 X 轴方向扫描时基,以及波形显示方式

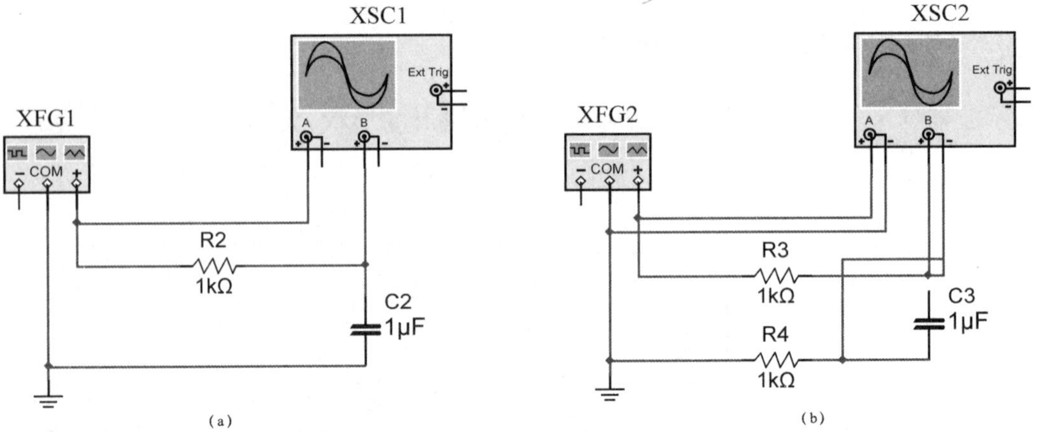

图 3.3-8 示波器两种不同的连接方式

(a)常用模式;(b)差分测量模式

①“Seale”:X 轴方向每一格所代表的时间大小,即扫描时基。鼠标左键单击该栏后将出现由上下箭头组成的可调按钮,单击上箭头或下箭头能够将扫描时基调大或调小,可以实时观测到信号波形在 X 轴方向被压缩或拉伸的情况。合适的扫描时基有利于波形观测。

②“X position”:设置或调整 X 轴起点位置。当值为 0 时,信号从显示区的左边缘开始,正值使起始点右移,负值使起始点左移。

③“Y/T”:表示 Y 轴方向分别显示 A、B 通道的输入信号,X 轴方向显示扫描线,并按照设置的扫描时基进行扫描。该方式是示波器最为常用的方式,用于观测被测电压信号波形随时间变化的曲线。

④“Add”:1 表示 Y 轴方向显示的是将 A、B 两个通道输入信号求和后的结果,X 轴方向按照设置的扫描时基进行扫描。

⑤“B/A”:表示将 A 通道信号作为 X 轴扫描信号,将 B 通道信号作为 Y 轴扫描信号,建立关于 B/A 信号坐标系中的图像。

⑥“A/B”:表示将 B 通道信号作为 X 轴扫描信号,将 A 通道信号作为 Y 轴扫描信号,建立关于 A/B 信号坐标系中的图像。

(2) Channel A 栏:用于设置 A 通道 Y 轴方向的刻度及测量方式

①“Scale”:表示 A 通道输入信号 Y 轴方向每一格的电压值。鼠标左键单击该栏后将出现由上下箭头组成的可调按钮,单击上箭头或下箭头能够将该值调大或调小,从而可以实时观测到信号波形在 Y 轴方向被压缩或拉伸的情况。当观测到的波形幅值超出显示范围而形成顶部被截断的时候,应该调大该值。当观测到的波形波动很小近似一条直

线时，则应该调小该值。对 Scale 的合理设置有利于观测到完整的波形并进行分析。

②“Y position”：设置或调整 A 通道扫描线在显示区中的上下位置，当其值为非零时，所显示的波形为原有信号波形叠加了其值之后的结果。当其值为正值时，显示的信号波形将向上方抬升，当其值为负值时，显示的信号波形将向下方下降。

③“AC”：表示采用交流耦合方式测量，用以测量待测信号中的交流分量，隔离待测信号中的直流分量，相当于在测量端加入了隔直电容。

④“DC”：表示采用直接耦合方式测量，用以直接测量待测信号中的交、直流量。

⑤“0”：表示此时显示 A 通道被测波形的基准线，即“Y position”中设置的值。

(3)Channel B 栏：用于设置 B 通道 Y 轴方向的刻度及测量方式

Channel B 栏中的设置与 Channel A 栏中各项的设置在意义上完全相似，都是仅对 B 通道的待测信号起作用。只不过 B 通道中比 A 通道多了一个按钮“－”，其含义是在不改变电路及仪表连接的情况下对 B 通道测量信号取反。若按下按钮“－”且“Add”模式同时启用时，则可以实现(A－B)的效果。

(4)Tigger 栏：用于设置示波器的触发方式

①“Edge”：表示边沿触发方式的选择，可以选择上升沿或下降沿触发。

②“Level”：用于选择触发电平的电压大小，即阈值电压。

③“Single”：单次扫描方式按钮，按下该按钮后示波器处于单次扫描等待状态，触发信号来到后开始一次扫描。

④“Normal”：常态扫描方式按钮，有触发信号时才产生扫描，在没有信号和非同步状态下，则没有扫描线。

⑤“Auto”：自动扫描方式按钮，在有触发信号时，同“Normal”方式下的触发扫描，波形可稳定显示；在无信号输入时，可显示扫描线。一般情况下使用这种方式。

⑥“None”：不设置触发方式按钮。

⑦“A”：表示用 A 通道的输入信号作为同步 X 轴时基扫描的触发信号。

⑧“B”：表示用 B 通道的输入信号作为同步 X 轴时基扫描的触发信号。

⑨“Ext”：取加到外触发输入端的信号作为触发源，多用于特殊信号的触发。

(5)测量波形的参数

在波形显示区有 T1、T2 两条可以左右移动的读数指针，指针上方分别标有倒置的 1、2，移动这两条指针就可以读取到该指针与波形相交的点的具体电压值，该值被显示在面板下方的测量数据显示区。数据显示区显示 T1 时刻数据、T2 时刻数据、T2－T1 的数据差三组数据，每一组数据都包括时间值(Time)、通道 1(Channel A)信号的幅值、通道 2(Channel B)信号的幅值。用户可以拖动读数指针左右移动,或通过单击数据显示区 T1、T2 右侧的向左或向右按钮移动指针线的方式读取数值。通过以上操作,可以测量信号的周期、脉冲信号的宽度、上升时间以及下降时间、时间常数等参数。为了测量方便,在测量之前可以单击"Pause"按钮或者结束仿真使波形冻结,然后调整"Timebase"使待测波形的显示更有利于数据读取,再拖动读数指针进行测量。

(6)更改显示区背景颜色

波形显示区的默认背景色是黑色,用户可以单击面板上的"Reverse"按钮,将背景色改为白色。如果要改回黑色,只需要再次单击"Reverse"按钮即可。

(7)存储波形数据信息

单击面板中的"Save"按钮即可将仿真波形数据存储为文件,Multisim 14 提供了三种存储格式供用户选用。

3.3.5 波特图仪(Bode Plotter)

波特图仪(Bode Plotter)是用来测量和显示一个电路、系统或放大器的幅频特性、相频特性的一种仪器,类似于频率特性测试仪或扫频仪,波特图仪的图标与面板如图 3.3-9 所示。对应波特图仪的图标与面板,"IN"端口的"+"、"-"两个端子分别接电路输入端的正、负端子,"OUT"端口的"+"、"-"两个端子分别接电路输出端的正、负端子。

由于波特图仪本身没有信号源,因此在使用时,电路中必须包含一个交流信号源或函数信号发生器,且无需对信号源或函数信号发生器的参数进行设置。图 3.3-10 所示电路是用波特图仪测量一个 RLC 电路以电容电压为输出时的频率特性。在波特图仪的面板上的 Horizontal(水平坐标)栏中可以设置波特图仪的频率终值 F(Final)和初值 I(Initial)。

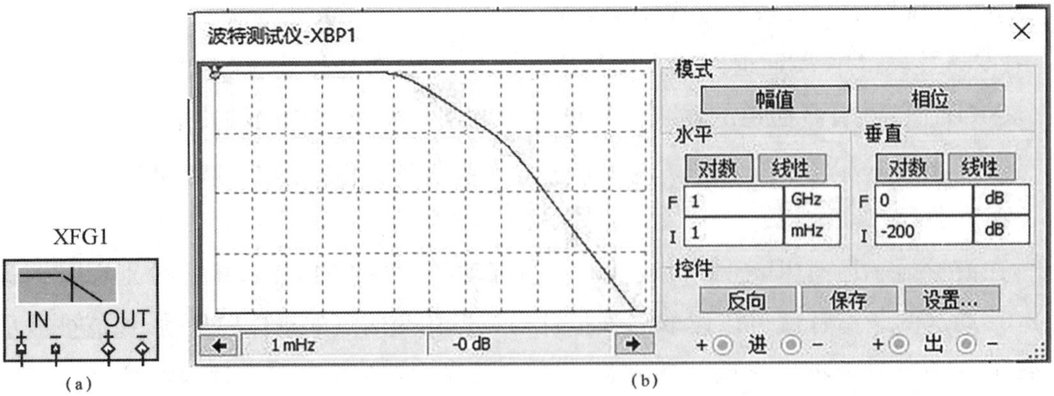

图 3.3-9 波特图仪的图标及面板

(a)波特图仪图标;(b)波特图仪面板

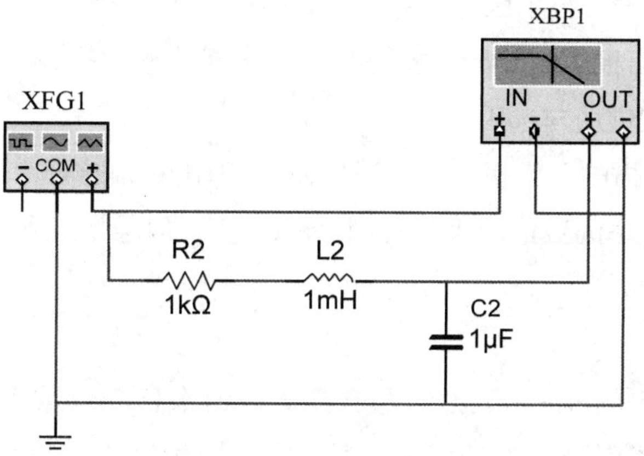

图 3.3-10　波特图仪测量 RLC 电路以电容电压为输出的频率特性

(1)波特图仪的面板及其操作

①Mode 栏:用于选择左侧图形显示区显示幅频特性还是相频特性。

②“Magnitude”:选择幅频特性。

③“Phase”:选择相频特性。

(2)Horizontal 栏

确定波特图仪图形显示区中 X 轴的频率范围及刻度类型。

①“Log”;X 轴采用对数坐标。

②“Lin”:X 轴采用线性坐标。

③“F”:频率范围的终值,Final。

④“I”:频率范围的初值,Initial。

当测量信号的频率范围较宽时,用对数坐标比较好。如果需要精确显示某一段频率范围的频率特性,则需要尽量将频率范围设小一点。

(3)Vertical 栏:设定波特图仪图形显示区中 Y 轴的刻度类型

测量幅频特性时,若单击“Log”(对数)按钮后,Y 轴刻度的单位为 dB(分贝),标尺刻度为 $20\log[A(f)]=20\log10[U_o(f)/U_{in}(f)]$。当单击“Lin”(线性)按钮后,$Y$ 轴是线性刻度。一般情况下 Y 轴采用线性刻度。测量相频特性时,Y 轴坐标表示相位,单位是度,刻度是线性的。该栏下方的“F”用来设定 Y 轴终值,“I”用来设定 Y 轴初值。若被测电路是无源网络(谐振电路除外),由于 $A(f)$的最大值为 1,Y 轴的坐标终值设置为 0dB,初值设置为某分贝值;对于含有放大环节的电路,由于 $A(f)$的值可能大于 1,所以 Y 轴的坐标终值宜设为正值。

(4)Controls 栏:背景色反转、数据存储、设置等操作

①“Reverse”：单击后显示区背景色反转，再次单击则恢复原有背景色。

②“Save”：单击面板中的“Save”按钮即可将仿真波形数据存储为文件，Multisim 14 提供了两种存储格式供用户选用。

③“Set”：设置扫描的分辨率。单击该按钮后，弹出扫描分辨率设置对话框。该对话框中设置的扫描分辨率的数值越大，则读数精度越高，但会增加仿真运行时间。默认值为 100。

(5)测量读数

拖动读数指针或单击面板下方的左右箭头按钮来移动读数指针，可以测量某个频率点处的幅值或相位，其读数在面板下方显示。可以配合终值与初值的调整，以便于精确读数。

3.3.6　测量探针(Measurement Probe)

测量探针(Measurement Probe)是 Multisim 14 为方便用户检视电路中的电压、电流、频率、电压增益等物理量而设置的测量器件，可设置为动态探针或静态探针使用。放置探针时，可选择 View→Toolbars→Place Probe 显示探针工具栏。Multisim 14 为用户提供了图 3.3-11 所示的 7 种不同的测量探针供选择。

图 3.3-11　7 种不同的测量探针

①电压探针：测量所在电路对地电压的当前值、峰-峰值、有效值、直流分量和频率。

②电流探针：测量所在电路电流的当前值、峰-峰值、有效值、直流分量和频率。

③功率探针：测量所测元器件功率的当前值、平均值。

④差动探针：拥有两个探头，可以接在某个元器件或电路的两端，测量所在元器件或电路电压的当前值、峰-峰值、有效值、直流分量和频率。但两个探针必须同时接在电路上，否则无法工作。

⑤电压-电流探针：可以同时实现单个电压、电流探针的功能。

⑥参考电压探针：可以配合电压探针使用，实现差动探针的功能，但比差动探针在使用上更灵活。

⑦数字探针：可以在数字电路或逻辑电路里使用，可以实时观察所在线路的逻辑

值与频率。

⑧设置按钮：可以打开设置对话框，对所有探针的显示参数、外观和记录仪形式进行设置。

3.3.7　电流探针(Current Probe)

电流探针(Current Probe)是 Multisim 14 中一种辅助检测支路电流的器件。它由一个电流感应环和输出引线构成。其电流感应环可以感应到待测导线上的电流，电流探针将这个电流按照一定比例放大为电压信号并从输出引线输出，通常输出引线连接示波器进行信号观测。因此，电流探针的使用方法是，用鼠标左键单击选中电流探针，移动到待测导线上，使电流探针的圆环落在待测导线上，单击鼠标左键确定放置。从电流探针的引线端引一条导线至示波器的 A 或 B 通道。双击电流探针设定放大比例，即可启动仿真，利用示波器观测相应支路放大了一定倍数的电流波形。图 3.3-12 是电流探针的一个使用示例。

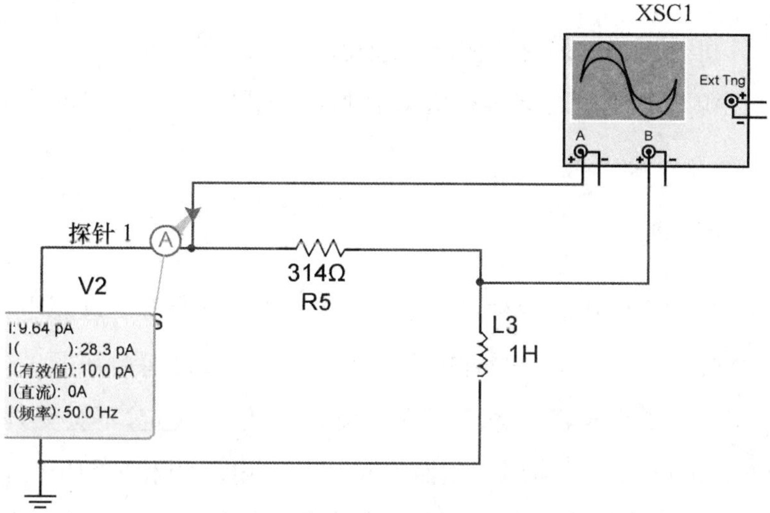

图 3.3-12　电流探针的使用示例

第 4 章　电路与电子虚拟仿真实验

利用计算机进行电路、电子实验的仿真是对实际操作电路实验的一种补充与完善。Multisim 14 是目前各种电路辅助设计和分析计算软件中功能最完善、版本最新的一种。该软件采用菜单操作、全键盘编辑，使用起来简单、方便。通过这部分的虚拟仿真实验，可使学生学会利用计算机来分析电路问题的基本方法，正确掌握测量技术，熟练使用虚拟仪器仪表，从而更好地培养电路分析、设计和应用开发等方面的能力。

4.1　电压源与电流源外特性的研究及等效变换

4.1.1　实验目的

(1)利用计算机分析了解理想电流源与理想电压源的外特征。

(2)验证电压源与电流源之间进行等效转换的条件以及负载获得最大功率传输的条件。

4.1.2　实验原理

在电路理论中，理想电源有两种：理想电压源和理想电流源。理想电压源两端的电压 u 完全由其参数 U_S 决定，不会受外电路的影响，而流过理想电压源的电流随外电路的变化而变化；流过理想电流源的电流 i 完全由其参数 I_S 决定，不会受外电路的影响，而理想电流源两端的电压随外电路变化而变化。理想电压源和理想电流源的电路图形符号与伏安特性如图 4.1-1 所示。无论外电路中的电阻 R 如何变化，电压源两端的电压 u、流过电流源的电流 i 都不会改变。

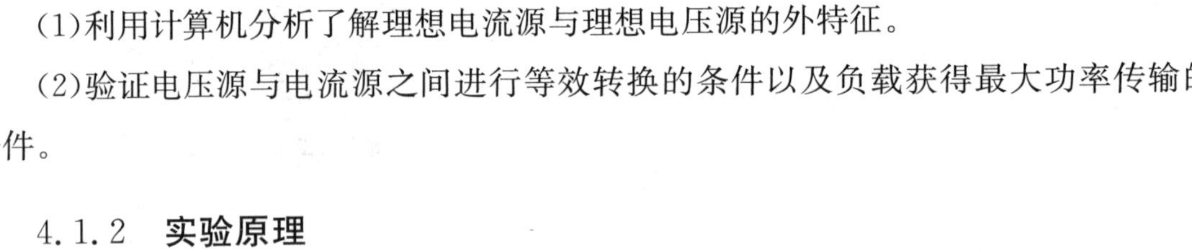

(a)　　(b)

图 4.1-1　理想电源及其伏安特性

(a)理想电压源；(b)理想电流源

在工程实际中，绝对的理想电源是不存在的，但有一些电源的外特性与理想电源极为接近。在电子技术中，通常采用的晶体管电流源与电压源就是其中的一例，因为用电子学的方法，可以使晶体管电压源的串联等效内电阻极小，一般为 $10^{-3}\,\Omega$ 以下，晶体管电流源并联等效内电阻极大，一般为 $10^{6}\,\Omega$ 以上。因此，可以近似地将其视为理想电源。

实际电压源可以用一个理想电压源 U_S 与一电阻 R_0 串联组合来表示，实际电流源可以用一个理想电流源 I_s 与一个电导 G_0 并联的组合来表示，如图 4.1-2 和图 4.1-3 所示，点画线框内部是一个实际的电压源与一个实际的电流源，如果它们向相同的负载提供相同的电压 u 和电流 i，那么这个电压源和电流源是等效的，即实际电压源与其等效的实际电流源有相同的外特性。实际电压源与实际电流源进行等效变换的条件为：

$$I_S=\frac{U_S}{R_0},G_0=\frac{1}{R_0}$$

或

$$U_S=\frac{I_S}{G_0},R_0=\frac{1}{G_0}$$

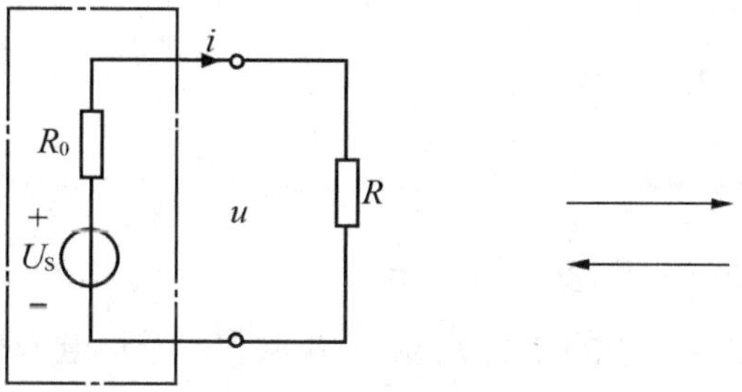

图 4.1-2　实际电压源

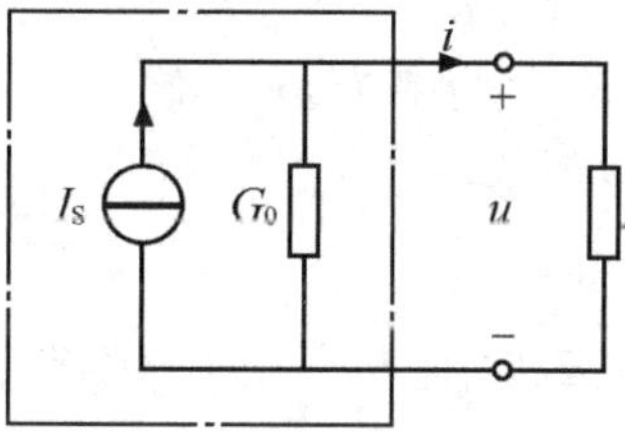

图 4.1-3　实际电流源

一个实际的电压源或电流源，它们不但可以互相等效变换，而且也能进行串联、并联或混联，电压源串联时其等效电压源的电压为各电压源电压的代数和，其等效内阻为各电压源内阻之和，即：

$$u_S=\sum_{k=1}^{n}u_{sk},R_0=\sum_{k=1}^{n}R_k$$

u_{sk}和 u_S同方向时为正，反之为负。

当多个电流源并联时，其等效电流源的电流为各电流源电流的代数和，其等效内电导为各电流源内电导之和，即：

$$i_S=\sum_{k=1}^{n}i_{sk},G_0=\sum_{k=1}^{n}G_k$$

i_{sk}和 i_S同方向时为正，反之为负。

在实际问题中，有时需要研究负载在什么条件下能获得最大功率。这类问题可以归结为一个端口向负载输送功率的问题。

在图 4.1-4 电路中，R_0 为实际电源的内电阻，R_L 为负载电阻，其功率为：

$$P=i^2R_L=\left(\frac{U_S}{R_L+R_0}\right)^2R_L$$

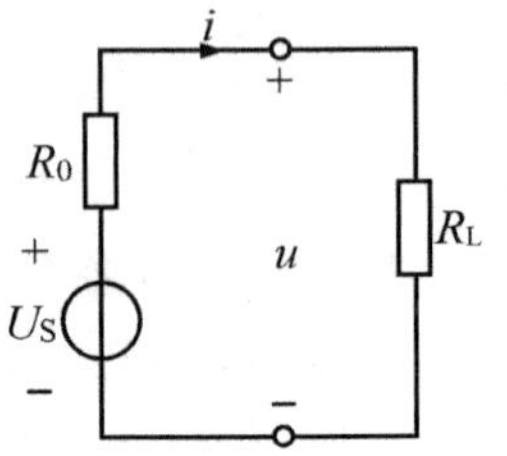

图 4.1-4 实际电路模型

为求得 R_L 从电源中获得最大功率的条件，可以将功率 P 对 R_L 求导，并令其导数等于零，解得：

$$\frac{dP}{dR_L}=\frac{(R_0+R_L)^2-2R_L(R_0+R_L)}{(R_0+R_L)^4}U_S^2=\frac{R_0^2-R_L^2}{(R_0+R_L)^4}U_S^2=0$$

$$R_L=R_0$$

得到最大功率为：

$$P_{max}=\left(\frac{U_s}{R_L+R_0}\right)^2R_L=\frac{U_S^2}{4R_0}$$

即：负载电阻 R_L 从电源中获得最大功率的条件是负载电阻 R_L 等于电源内阻 R_0。

4.1.3 实验任务

(1)测量理想电压源的外特性

当外接负载电阻在一定范围内变化时，电源输出电压基本不变，可将其视为理想电压源。

①按照仿真电路图 4.1-5 连接，电阻 $R_1=1\text{k}\Omega$，直流电流表串联接入电路，直流电压表并联接入电路。

②设直流电源电压为 12V，用电压表和电流表分别测负载不同阻值下的电压源两端电压 U 和通过的电流 I，记录在表 4.1-1 中。

表 4.1-1 理想电压源外特性测试实验数据

R_1/kΩ	1	2	3	4	5	6	7	8	9	10
U/V										
I/mA										

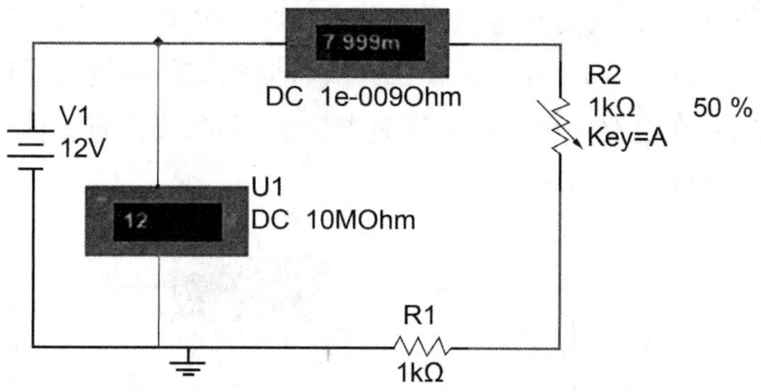

图 4.1-5　电压源外特性测试仿真图

(2)测量理想电流源的外特性

当外接负载电阻在一定范围内变化时，注意必须使电流源两端的电压不超出额定值，电流基本不变，可将其视为理想电流源。

①将电阻 $R_1=50\Omega$，接到电流源的输出端上，串联接入直流电流表，并联接入直流电压表，实验仿真电路图如 4.1-6 所示。

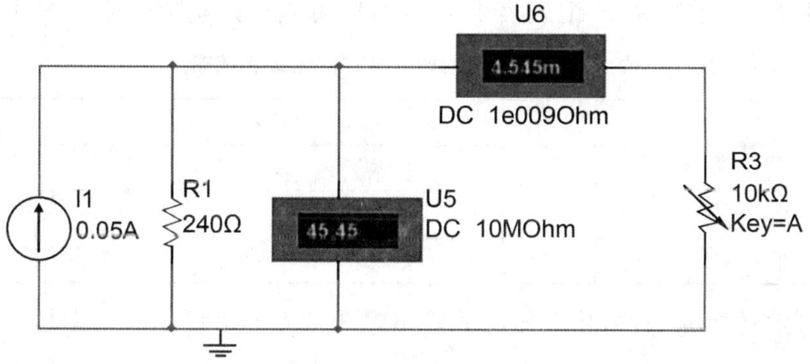

图 4.1-6　电流源外特性测试仿真电路

②实验时首先取电阻 $R_1=0\Omega$，直流电流源的输出电流 $I=0.05\text{A}$，测出此时电流源的端电压 U 和输出电流 I，记录在表 4.1-2 中。

③改变电阻 R_1，每次改变 R_1 值记下 U 和 I，数据记录在表 4.1-2 中。即可得理想电流源的外特性。

表 4.1-2　理想电流源外特性测试实验数据

R_1/Ω	0									
U/V										
I/mA										

(3)验证实际电压源与电流源等效转换的条件

①在实验任务 2 中，已测得理想电流源的电流 $I_s=0.05$A，若在其输出端 2 和 0 间并联一个电阻 R_0（即 $G_0=1/R_0$），例如 240Ω，从而构成实际电流源，将此电流源接至负载电阻 $R_1=10$kΩ，并在电路中串联接入直流电流表，并联接入直流电压表，即构成如图 4.1-7 所示的实验仿真电路。

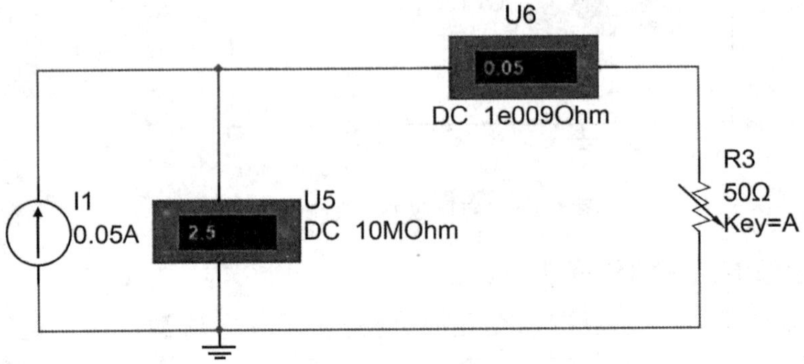

图 4.1-7 实际电流源外特性测试仿真电路

②改变电阻 R_1 的电阻值，每改变一个 R_1 值，记下相应的端电压 U 和输出电流 I，且计算出电阻 R_1 上的功率 P 记入表 4.1-3 中，即可测出该实际电流源的外特性。

表 4.1-3 实际电流源外特性测试实验数据

电流 I/mA	0									
电压 U/V										
电阻 R_1/Ω										
$P=I^2R_1$										

③根据等效转换的条件，将电压源的输出电压调至 $U_s=I_sR_0$，并串接一个电阻 R_0，构成如图 4.1-8 所示的实际电压源，再将该电压源接负载电阻 R_0，串联接入测量用直流电流表，并联接入直流电压表，即构成如图 4.1-8 所示的实验仿真电路。

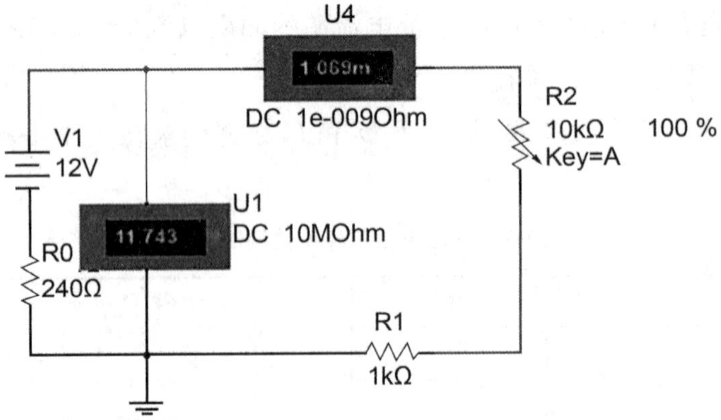

图 4.1-8 实际电压源外特性测试仿真电路

④改变负载电阻 R_1，对应每一个 R_1 值记下端电压和输出电流的值，且计算出 R_1 上的功率 P，记入表 4.1-4 中，即可测出实际电压源的外特性。

表 4.1-4　实际电压源外特性测试实验数据

电流 I/mA	0									
电压 U/V										
电阻 R_1/Ω										
$P=I^2R_1$										

在测量上述实际电压源和实际电流源外特性时，实验中可以取两种情况下的负载电阻 R_1 的值一一对应相等，这样便于比较，当 R_1 值相同时，两种情况下是否具有相同的电压与电流。并观察实际电压源中电阻 R_1 上的功率最大时，R_1 与 R_0（电压源内阻）是否相等。

当电阻 R_1 上的功率 $P=\dfrac{U_S^2}{4R_1}$ 最大时，R_1 与 R_0 相等。从而验证了最大功率传输的条件。

4.1.4　注意事项

（1）熟悉 Multisim 14 软件的基本操作。

（2）预习本实验教程中关于 Multisim 14 的相关章节。

（3）电压表的“Value”一栏设置为：内阻（Resistance）为“10MOhm”，方式（Mode）选“DC”。

（4）电流表的“Value”一栏设置为：内阻（Resistance）为“1e-009Ohm”，方式（Mode）选“DC”。

4.1.5　实验报告要求

（1）绘出所测电流源及电压源的外特性曲线。

（2）通过实验验证理想电压源和理想电流源能否等效互换。

（3）从实验结果验证电压源和电流源是否等效。

（4）验证负载获得最大功率的条件。

4.1.6 思考题

(1)理想电压源与理想电流源能否等效互换?

(2)自行证明实际电压源与实际电流源互相等效的条件,并画出相应电路图。

(3)试比较使用 Multisim 14 进行仿真和传统实验的异同之处,Multisim 14 的优越性体现在哪里?

4.2　叠加原理的验证

4.2.1　实验目的

(1)加深对线性电路叠加原理的理解。

(2)进一步熟悉电压表、电流表、稳压电源及恒流源等设备的使用。

4.2.2　实验原理

在任何含有多个独立电源的线性电路中,任一支路的电压或电流可以看成是各独立电源单独作用时在该支路产生的电压或电流之代数和。

4.2.3　实验任务

仿真电路如图 4.2-1 所示,图中 $R_1=R_3=R_4=510\Omega$,$R_2=1\text{k}\Omega$,$R_5=330\Omega$,电源 V_1 用电压源+12V,V_2 用电压源+6V。先将开关 J_3、J_4 掷向 R_3 侧。

①电压源 V_1 单独作用,将开关 J_5、J_6 掷向 V_1 侧,开关 J_1、J_2 掷向短路侧。用直流毫安表测量各支路电流,按照电流表在图中的接法,判断电流流出节点 A 还是流入节点 A,然后根据电路中的电流参考方向,确定各支路电流的正负号,并将数据记入表 4.2-1 中。

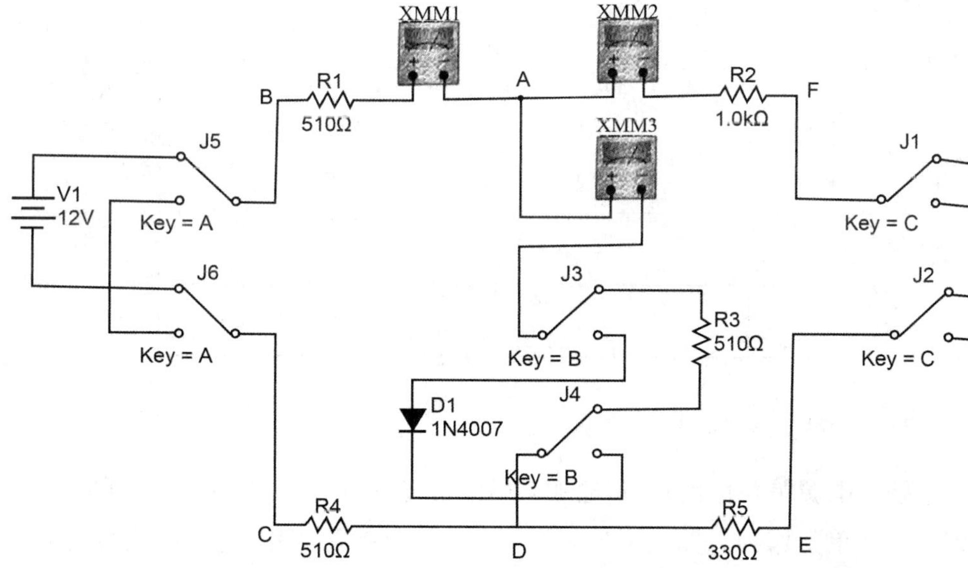

图 4.2-1　叠加原理仿真电路图

用直流电压表测量各电阻元件两端电压,按照电压表在图中的接法,判断被测电阻元件的电压方向，测量各电阻元件两端电压，并将数据记入表 4.2-1 中。

表 4.2-1　叠加原理实验数据 1

实验内容	测量项目									
	V_1/V	V_2/V	I_1/mA	I_2/mA	I_3/mA	V_{AB}/V	V_{CD}/V	V_{AD}/V	V_{DE}/V	V_{FA}/V
V_1 单独作用										
V_2 单独作用										
V_1、V_2 共同作用										

②电压源 V_2 单独作用，将开关 J_5、J_6 掷向短路侧，开关 J_1、J_2 掷向 V_2 侧。完成上述电流电压的测量并将数据记入表 4.2-1 中。

③V_1 和 V_2 共同作用，将开关 J_5、J_6 和 J_1、J_2 分别掷向 V_1 和 V_2 侧。完成上述电流、电压的测量并将数据记入表格 4.2-1 中。

④将开关 J_3、J_4 掷向二极管 D_1 侧，即将电阻 R_3 换成一个二极管，重复步骤①～③的测量过程，并将数据记入表 4.2-2 中。

表 4.2-2　叠加原理实验数据 2

实验内容	测量项目									
	V_1/V	V_2/V	I_1/mA	I_2/mA	I_3/mA	V_{AB}/V	V_{CD}/V	V_{AD}/V	V_{DE}/V	V_{FA}/V
V_1 单独作用										
V_2 单独作用										
V_1、V_2 共同作用										

4.2.4　注意事项

(1)任一个独立电源单独作用时，其他独立电源置零(电压源短路、电流源开路)。

(2)受控源不能单独作为电路的激励，每个独立电源单独作用电路时，需要保留受控源。

4.2.5　实验报告要求

(1)根据表 4.2-1 实验数据,通过求各支路电流和各电阻元件两端电压,验证线性电路的叠加性。

(2)各电阻元件所消耗的功率能否用叠加原理计算？由上述实验数据,根据计算结果加以说明。

4.2.6　思考题

根据表 4.2-2 实验数据,说明叠加性是否适用于该电路。

4.3　戴维南定理的验证

4.3.1　实验目的

(1)通过实验验证戴维南定理,加深对等效电路的理解。

(2)学会戴维南定理仿真实验方法,并比较测量值和计算值。

4.3.2　实验原理

对任何一个线性含源一端口网络,如图 4.3-1(a)所示,根据戴维南定理,可以用图 4.3-1(b)所示电路代替。其等效条件是:U_{oc} 是含源端口网络 CD 两端的开路电压;电阻 R 是把含源一端口网络化为无源网络后的输入端电阻。

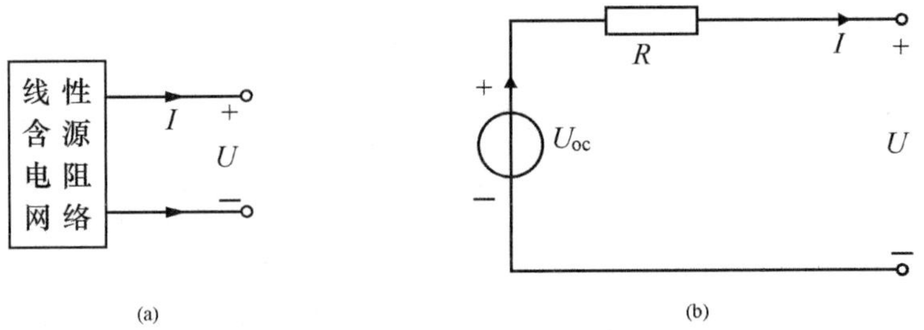

图 4.3-1　戴维南定理

(a)含源一端口网络;(b)戴维南等效电路

用等效电路替代含源一端口网络的等效性,在于保持外电路中的电流和电压不变,即替代后电路端口电压与原电路相同时,端口的电流也必须相等(伏安关系相同)。

4.3.3　实验任务

在图 4.3-2 所示的仿真电路中,接入电压源 $U_S=12V$ 和电流源 $I_S=20mA$ 及可变电阻 R_5。

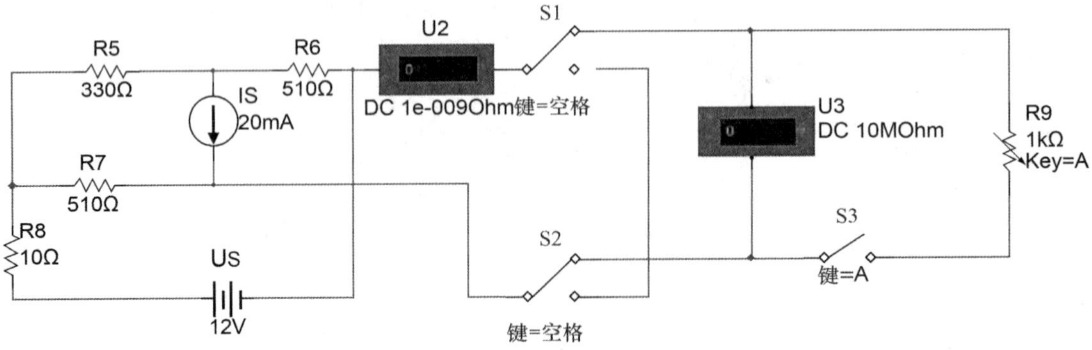

图 4.3-2　戴维南定理仿真电路图

(1)先断开 R_5 即打开开关 S_3，此时开关 S_1、S_2 掷上，测得 U_{oc}，再短接 R_5 即开关 S_1、S_2 掷下，测得 I_{sc}，测得 $R_{eq}=U_{oc}/I_{sc}$，填入表 4.3-1 中。

表 4.3-1　开路电压、短路电流的测试数据

U_{oc}/V	I_{sc}/mA	$R_s=U_{oc}/I_{sc}$

(2)外特性测试：按照表 4.3-2 改变 R_5 的阻值，测量线性含源一端口网络的外特性，填入表 4.3-2 中。

(3)测定线性含源一端口网络等效电阻的其他方法：将被测线性含源网络内的所有独立电源置零(电压源短路、电流源开路)，然后用伏安法或直接用万用表的欧姆挡，测得负载 R_5，开路后其两点间的电阻，即为被测网络的等效内阻 R_{eq}。

表 4.3-2　含源一端口网络外特性的测试数据

R_L/Ω	900	800	700	600	500	400	300	200	100
U/V									
I/mA									

(4)验证戴维南定理，调整 R_5(1kΩ)电位器的阻值，使其等于按照步骤(1)所得的等效电阻 R_{eq} 值，然后令其与电压源[步骤(1)中测得的开路电压 U_{oc} 的值]相串联，按照步骤(2)测得其外特性，测试结果填入表 4.3-3 中。

4.3-3　戴维南等效电路外特性的测试数据

R_L/Ω	900	800	700	600	500	400	300	200	100
U/V									
I/mA									

4.3.4　注意事项

(1)熟悉 Multisim 14 软件的基本操作。

(2)搭建等效电路时，注意电压源的电压值为原电路的开路电压，而不是原电路电压的源电压。

4.3.5 实验报告要求

(1)将表 4.3-2 与表 4.3-3 数据进行对比,对等效电路的概念进行理解。

(2)研究实验数据,对误差进行分析,并得出实验结论。

4.3.6 思考题

(1)探讨其他等效电路的测量方法。

(2)如何在 Multisim 14 中生成电路的外特性曲线(伏安特性曲线)。

4.4　RLC 串联谐振电路的分析

4.4.1　实验目的

(1)利用计算机分析谐振电路的特性。

(2)了解谐振现象,加深对谐振电路特性的认识。

(3)研究电路参数对串联谐振电路的影响。

(4)掌握测绘通用谐振曲线的方法。

4.4.2　实验原理

(1)谐振电路的特性

当含有电感 L、电容 C 的一端口网络的端口电压与端口电流同相位,呈现电阻性质时,则称该一端口网络处于谐振状态。通过调节网络参数或电源频率,能发生谐振的电路,称为谐振电路。谐振是线性电路在正弦稳态下的一种特定的工作状态。

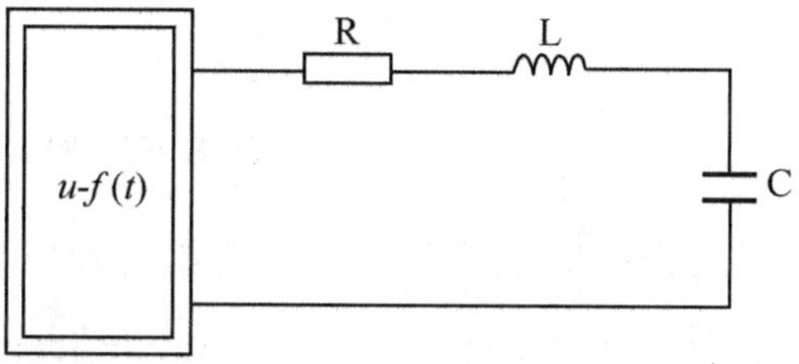

图 4.4-1　RLC 串联谐振电路

由电阻 R、电感 L 和电容 C 串联组成的一端口网络如图 4.4-1 所示,该网络的等效复阻抗 $Z=R+\mathrm{j}(\omega L-\frac{1}{\omega C})$ 是电源频率的函数。根据谐振的定义,当发生谐振时,其端口电压与端口电流同相位。满足此条件的复阻抗的虚部应该为零,即 $\omega L-\frac{1}{\omega C}=0$ 时,得到谐振的角频率 ω_0。

$$\omega_0=\frac{1}{\sqrt{LC}}$$

固定上式中的任意两项,调节另一项,使电路满足上式就能发生谐振。实验中通过示波器观察端口电压与端口电流的波形,当二者同相位时为电路的谐振点。调节频率时对应谐振的信号源频率为电路的谐振频率 f_0;调节电容时对应谐振的电容为谐振电容 C_0;调节电感时对应谐振的电感为谐振电感 L_0。可见,要使电路发生谐振,可通过改变 f、C 或 L 来实现。

定义谐振时的感抗 $\omega_0 L$ 或容抗 $\frac{1}{\omega_0 C}$ 为特性阻抗 ρ 。特性阻抗 ρ 与电阻 R 的比值为品质因数 Q,

$$Q=\frac{\rho}{R}=\frac{\omega_0 L}{R}=\frac{\sqrt{\frac{L}{C}}}{R}$$

(2) RLC 串联谐振电路的特点

①谐振时电路的阻抗最小。当端口激励 U_S 一定时，谐振电路中的电流达到最大值，该值的大小仅与电阻的值有关，与电感和电容的大小无关。图 4.4-2 表示 RLC 串联电路中的电流 I 随 ω 变化的曲线。实验中，调节频率或者电容的同时，使用电流表监测回路中的电流，当电流达到最大值时即为谐振点。

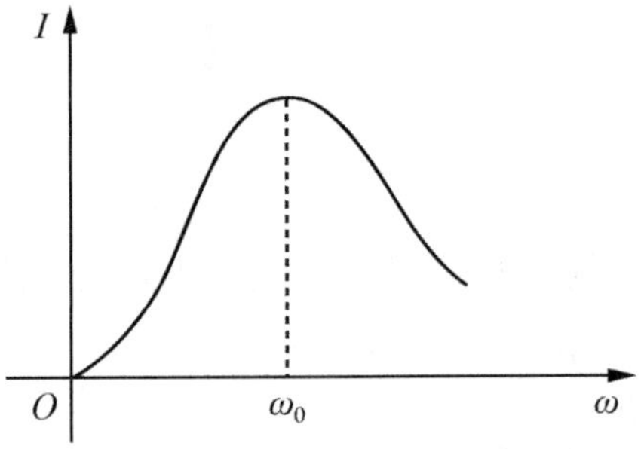

图 4.4-2 RLC 串联电路电流变化曲线

②谐振时电感与电容的电压有效值相等，相位相反，电抗的两端电压为零。电阻的电压等于总电压($U_R=U_S$)。若电路的品质因数 $Q\gg 1$，则电感及电容上的电压将远大于总电压，即：

$$U_L=U_C=QU_S\gg U_S$$

实验中若能保证信号源的输出电压为 1V 的情况下，调节信号源频率，当找出谐振点时，用交流电压表测得的谐振电容两端的电压 U_C 就是 Q 值的大小，即：

$$Q=\frac{U_C}{U_S}=\frac{U_C}{1}=U_C$$

(3) RLC 串联电路的谐振曲线

RLC 串联电路的电流是电源频率的函数，即

$$I(\omega)=\frac{U_S}{|Z(\omega)|}=\frac{U_S}{\sqrt{R^2+\left(\omega L-\frac{1}{\omega C}\right)^2}}=\frac{\frac{U_S}{R}}{\sqrt{1+Q^2\left(\frac{\omega}{\omega_0}-\frac{\omega_0}{\omega}\right)^2}}=\frac{I_0}{\sqrt{1+Q^2\left(\frac{\omega}{\omega_0}-\frac{\omega_0}{\omega}\right)^2}}$$

称为电流的幅频特性。

在电路的 L、C 值和信号源 U_S 不变的情况下，不同的 R 值将得到不同的 Q 值，对应于不同 Q 值的电流幅频特性曲线如图 4.4-3(a)所示。

为了研究电路参数对谐振特性的影响，通常采用通用谐振曲线，将上式两边同时除以 I_0，得到通用谐振幅频特性为：

$$\frac{I(\omega)}{I_0}=\frac{1}{\sqrt{1+Q^2\left(\eta-\frac{1}{\eta}\right)^2}}$$

其中 $I_0=\frac{U_S}{R}$ 为谐振时的电流值，$\eta=\frac{\omega}{\omega_0}$ 是外加电压的角频率与谐振频率的比值。当 η 为横坐标，$\frac{I}{I_0}$ 为纵坐标，取不同的 Q 值时，可画出一组曲线，如图 4.4-3(b)所示。这组曲线成为谐振电路的通用谐振曲线，其形状只与 Q 值有关，Q 值相同的任何 RLC 串联电路只有一条曲线与之对应。

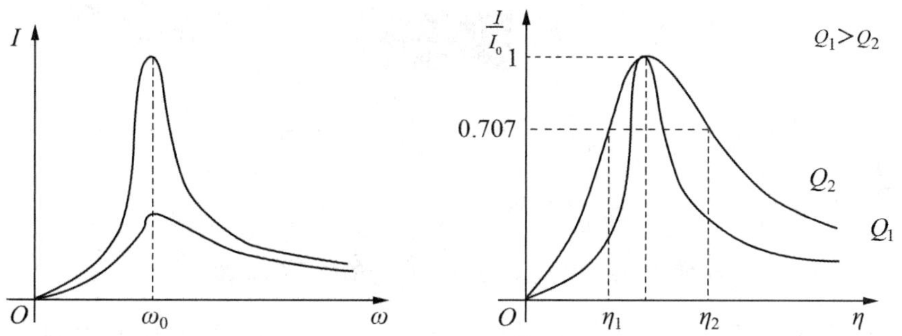

图 4.4-3 RLC 串联电路电流变化曲线

(a)电流幅频特性曲线；(b)通用谐振曲线

从 Q 值不同的谐振曲线可以看出，Q 值越大，谐振曲线越尖，则电路的选择性就越好。由此可以看出 Q 值的重要性。图 4.4-3(b)绘出了对应不同 Q 值的通用谐振曲线。用实验测定通用谐振曲线时，首先确定电路的谐振频率 f_0，使频率向两侧扩展，取不同的频率点，测量对应的回路电流 I。其频率的改变范围应能够从最大值降到最大值的十分之一以下。每次频率的改变量不应相等，在 f_0 附近可以小些，或者使 I 的每次变化大体相似为好，如此取值可使通用谐振曲线中间凸出部分测绘得更准确些。

通用谐振曲线呈尖陡状，表明电路具有良好的选择特性。定义通用谐振曲线幅值下降至峰值的 0.707 倍时所对应的频率为截止频率 f_C，幅值大于峰值的 0.707 倍所对应的频率范围称为通频带 Δf，经理论推导可得：

$$\Delta f=f_2-f_1=\frac{f_0}{Q}$$

通频带与品质因数成反比。

4.4.3 实验任务

(1)定性观察 RLC 串联电路的谐振现象,确定电路的谐振点

实验电路仿真电路如图 4.4-4 所示,其中信号源为低频函数发生器(内阻很小,可视为理想电压源)。

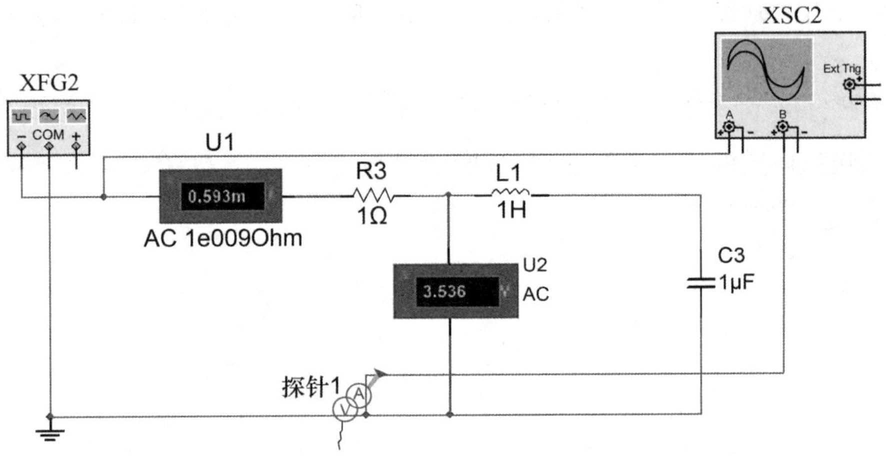

图 4.4-4 RLC 串联谐振电路的仿真电路图

①固定 R、L、C 的值,并使信号源的输出电压为 5V。改变信号源的频率,通过示波器或电压表、电流表监视电路,观察电路的谐振现象,寻找谐振点,确定电路的谐振频率。(参考数据:$R=1\text{k}\Omega$;$L=1\text{H}$;$C=1\mu\text{F}$)。

②信号发生器的输出电压 $U\text{s}=5\text{V}$ 保持不变,频率调至 $f_0=400\text{Hz}$。调定电感值,记录此时的电阻及电感值。调节电容,通过示波器或电压表、电流表监测电路,定性观察电路的谐振现象,寻找谐振点,记录此时的谐振电容值。

(2) 测定 RLC 串联电路的通用谐振曲线

实验电路仍如图 4.4-4 所示,取电感 $L=0.35\text{H}$,电容 $C=2\mu\text{F}$。固定信号源的输出电压为 5V。调节电源的频率,测量回路电流。测量点以谐振频率 f_0 为中心,左右各扩展至少取 6 个测量点。将以上测量结果记录于表 4.4-1。用示波器定性观察在调节频率的过程中,端口电压波形与端口电流波形的相位关系,体会当频率从小到大变化时,RLC 串联一端口网络从容性电路到感性电路的转变。

表 4.4-1　RLC 串联电路实验测量数据表

频率 f/Hz							f_0					
f/f_0												
测量值 I/A												
I/I_0												

4.4.4 注意事项

(1)判断 RLC 串联电路已达到谐振状态的方法有下列几种:

①观察端口电流,当端口电流最大时电路发生谐振。

②观察电容和电感串联后的两端电压,当电压最小时电路发生谐振。

③用示波器观察端口的电压、电流,当端口的电压、电流同相位时电路发生谐振。

(2)注意各采样量之间的公共端问题。

(3)串联电路中的电流可用电流探针得到,注意电压与电流之间的参数关系以及参考方向关系。

(4)电压表的 Value 栏设置为:内阻"10M";Mode(方式)选"AC"。

(5)电流表的 Value 栏设置为:内阻"in";Mode (方式)选"AC"。

(6)信号源选择函数信号发生器(Function Generator),电压设定为正弦交流信号,幅值为 5V。

4.4.5 实验报告要求

(1)按实验任务(1)的要求,找出调节频率和调节电容两种情况下电路的谐振频率和谐振电容值,并根据测量数据计算出对应电路的品质因数和通频带。

(2)根据实验任务(2) 的测量数据,绘出对应两个不同电阻值的通用谐振曲线,利用此曲线,计算对应不同电阻值的电路品质因数和通频带,并将实验结果与理论计算结果进行比较。

(3)在图 4.4-4 中,当电源频率 $f=200\text{Hz}$,电阻 $R=100\Omega$,电感 $L=350\ \text{mH}$ 时,改变电容的值,使电路达到谐振状态,此时的电容值为多少?

(4)总结 RLC 串联谐振电路的特点。

(5)回答思考题。

4.4.6 思考题

(1)品质因数 Q 是电路谐振时电抗和电阻的比值,没有单位,这里“品质”的含义是什么?品质因数表明了电路谐振时的什么特性?

(2)用 Multisim 14 进行电路实验时,如何判断电路发生了谐振?将实验结果与理论值进行比较。

4.5　RC 一阶电路的分析

4.5.1　实验目的

(1)利用计算机分析动态电路的特性。

(2)研究一阶 RC 串联电路的动态过程的特点及其与电路元件参数的关系。

(3)观察一阶 RC 串联电路在方波激励下的微分电路、积分电路、耦合电路的输出波形,并找出电路间的联系和规律。

4.5.2　实验原理

一阶 RC 电路即由一个等效电阻 R 和一个等效电容 C 组成的电路,其电路方程为一阶微分方程。由于电容具有储能特性,所以,电路的全响应是电容储能引起的零输入响应与外加输入信号产生的零状态响应之和,且电容电压不发生突变。当输入信号是直流信号时,电容电压为指数上升或指数下降的充放电波形。改变电阻或电容的参数,可以改变充放电的时间常数($\tau=RC$),R 或 C 较大时,时间常数大,充放电慢,反之,充放电快。时间常数 τ 与输入方波宽度 t_w 的关系不同,电路输出波形也不同,由此 RC 电路就有了不同的应用,如微分电路、耦合电路、积分电路等。

4.5.3　实验任务

(1)RC 微分电路

RC 微分仿真电路如图 4.5-1 所示,输入信号 V_I 接于 RC 串联电路端口,输出信号 V_O 取自 R 两端。当 RC 电路的时间常数 $\tau=RC$ 远小于输入脉冲宽度 t_w 时,称为微分电路。在实际应用中,要求 $\tau=(1/5-1/10)t_w$。

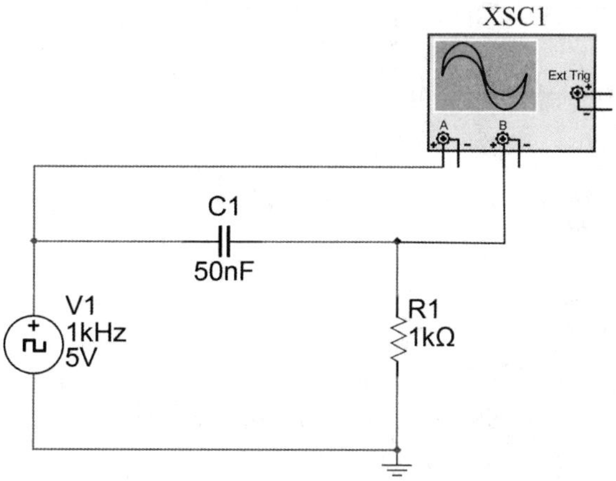

图 4.5-1　RC 微分电路仿真电路图

仿真后输入方波与输出微分尖脉冲波形如图 4.5-2 所示，观察波形可以看到尖脉冲发生在方波的上升沿和下降沿。

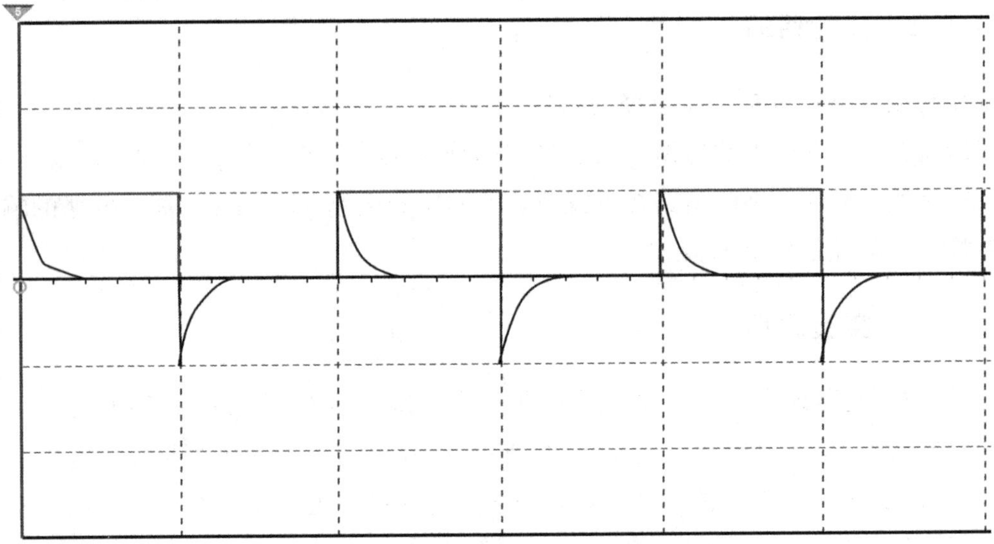

图 4.5-2　微分电路输入输出波形图

(2)RC 耦合电路

RC 耦合电路的电路结构与图 4.5-1 相同，但注意元件参数的不同，如图 4.5-3 所示。如果 $\tau=RC$ 远大于 t_w 时，即为 RC 耦合电路，此时输出波形与输入波形近似相同，如图 4.5-4 所示。

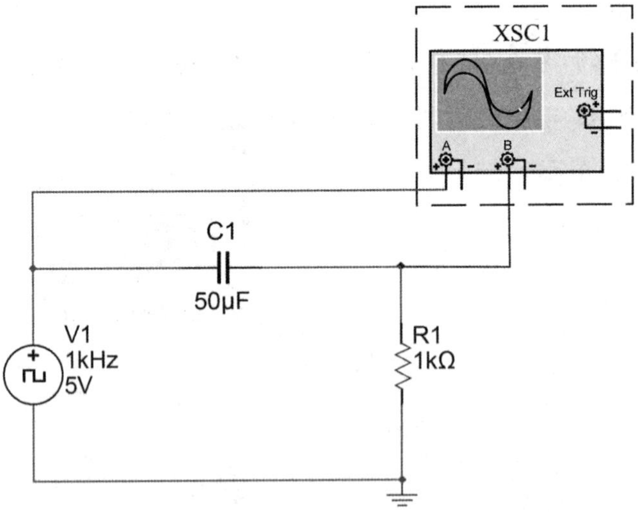

图 4.5-3　RC 耦合电路仿真电路图

比较微分电路和耦合电路可知，二者电路形式相同，输出波形中都不含直流成分，但它们的 τ 与 t_w 的关系不同，微分电路 τ 远小于 t_w，耦合电路 τ 远大于 t_w。

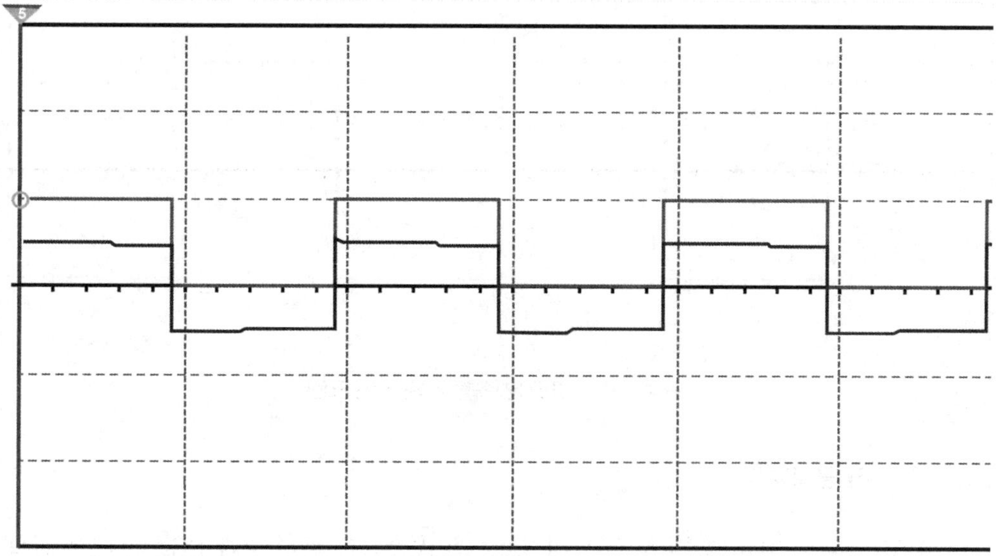

图 4.5-4　耦合电路输入输出波形图

(3)RC 积分电路

RC 积分仿真电路如图 4.5-5 所示，输入信号 V_1 接于 RC 串联电路端口，输出信号取自 C 两端。当 RC 电路的时间常数 $\tau = RC$ 远大于输入脉冲宽度 t_w 时，称为积分电路。

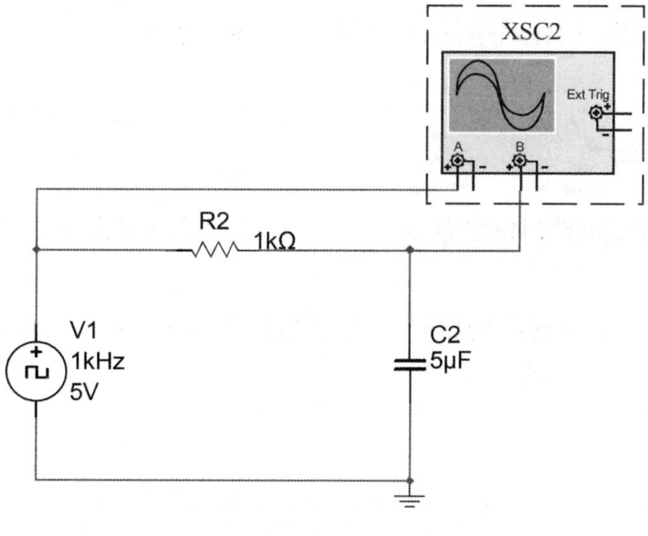

图 4.5-5　RC 积分电路仿真电路图

仿真后输入方波与输出微分尖脉冲波形如图 4.5-6 所示。R、C 取值越大充放电时间越长，输出波形越接近于三角波。

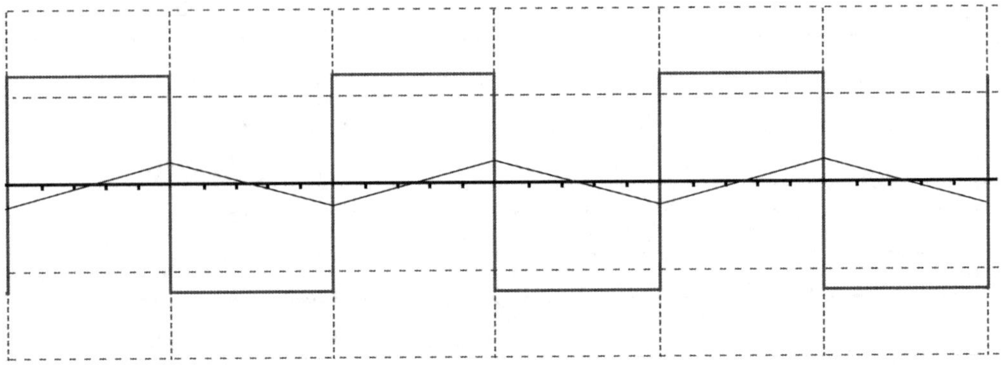

图 4.5-6　积分电路输入输出波形图

4.5.4　注意事项

(1)将 Multisim 中示波器置于 Y/T 输入方式，A、B 通道选择合适的扫描时间和单位幅值，以达到最佳的观察效果。

(2)示波器两通道的连线可以定义为不同的色彩，有利于区分所观察的变量。

4.5.5　实验报告要求

(1)在积分电路中，分别绘制 C 为 0.01μF、0.1μF、1μF 的输出波形，说明元件参数的变化对过渡过程的影响。

(2)研究微分电路、耦合电路、积分电路，总结各电路特点。

(3)回答思考题。

4.5.6　思考题

(1)结合一阶 RC 电路时间常数 τ 的定义，找出测量时间常数的方法，并在输出波形上标出时间常数 τ。

(2)微分电路、耦合电路结构相同，在什么情况下两个电路可以相互转换？

4.6　交流参数测量的分析

4.6.1　实验目的

(1)测量电感 L 的阻抗和交流电压、电流之间的相位差，并比较测量值与计算值。

(2)测量电容 C 的阻抗和交流电压、电流之间的相位差，并比较测量值与计算值。

(3)测量串联 RLC 电路的阻抗和交流电压、电流之间的相位差，并比较测量值与计算值。

4.6.2　实验原理

4.6.2.1　交流参数的测量

交流电路的阻抗 Z 满足欧姆定律，所以用阻抗两端的交流电压有效值 U_Z 除以交流电流有效值 I_Z 可算出阻抗(单位：Ω)：

$$Z = U_Z / I_Z$$

(1)在图 4.6-1 中 RL 串联电路的阻抗 Z 为电阻 R 和感抗 X_L 的相量和。因此阻抗的大小为：

$$Z = \sqrt{R^2 + X_L^2}$$

阻抗两端的电压 U_Z 和电流 I_Z 之间的相位差可由下式求出：

$$\theta = \arctan\left(\frac{X_L}{R}\right)$$

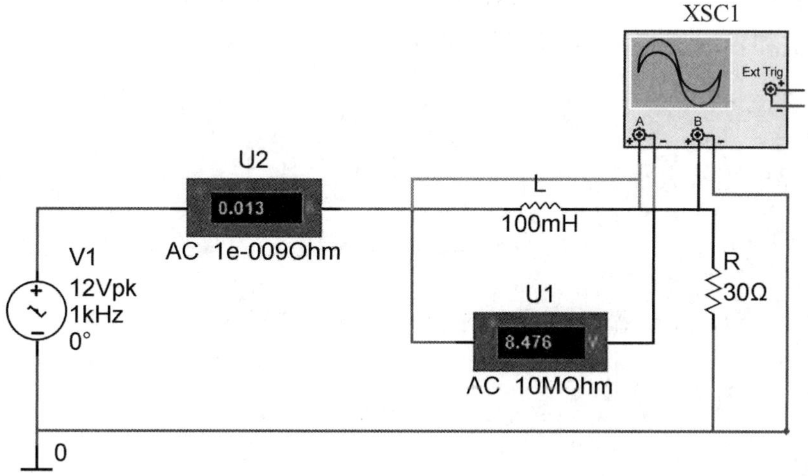

图 4.6-1　RL 串联仿真电路图

(2)在图 4.6-2 中 RC 串联电路的阻抗 Z 为电阻 R 和容抗 X_C 的相量和。因此阻抗的大小为：

$$Z=\sqrt{R^2+X_C^2}$$

阻抗两端的电压 U_Z 和电流 I_Z 之间的相位差可由下式求出：

$$\theta=-\arctan\left(\frac{X_C}{R}\right)$$

当电压落后于电流时，相位差为负。

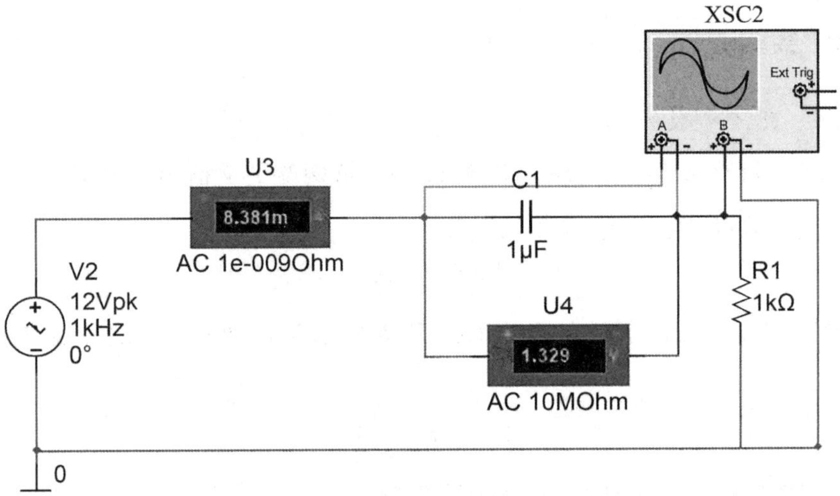

图 4.6-2　RC 串联仿真电路图

(3)在图 4.6-3 中 RLC 串联电路的阻抗 Z 为电阻 R 和电感与电容总阻抗 X 的相量和。因为感抗和容抗反相，所以总阻抗 X 为：

$$X=X_L+X_C$$

RLC 串联电路的阻抗大小为：

$$Z=\sqrt{R^2+X^2}$$

阻抗两端的电压 U_Z 和电流 I_Z 之间的相位差可由下式求出：

$$\theta=\arctan\left(\frac{X}{R}\right)$$

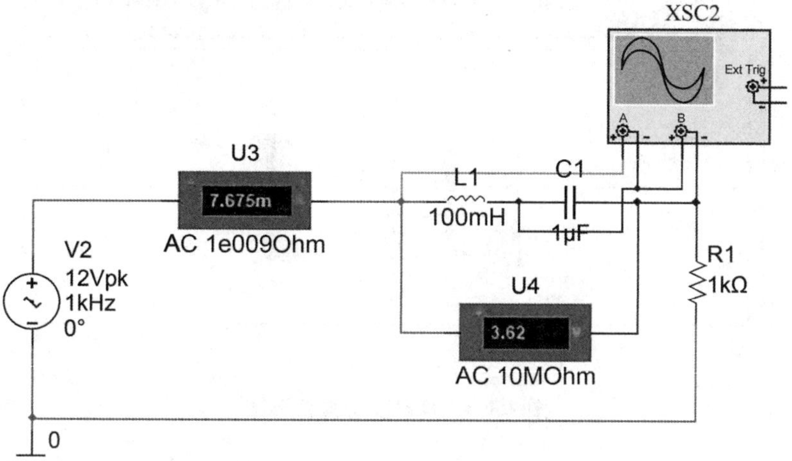

图 4.6-3　RLC 串联仿真电路图

在 RLC 串联交流电路中，只有一个信号频率可以使 X_L 与 X_C 相等。在这个频率上，总的电抗为零($X_L-X_C=0$)，电路阻抗为纯电阻性，而且达到最小值。

4.6.2.2　同频正弦量相位差测量原理

以图 4.6-1 的 RL 串联电路为例，示波器通道 A 测量电感元件两端的电压 u_L，示波器通道 B 测量串联电路电流 i_L。

(1) Y-T 模式，图 4.6-4(a)所示为可测量两个波形过零点的相位差 A，完整波形一个周期的长度 B。正弦信号变化一周是 360°，可得相位差 φ 计算公式为：

$$\varphi=\frac{A}{B}\times 360^{\circ}$$

(2) A/B 模式，图 4.6-4(b)所示的李萨如图(椭圆)。椭圆与水平轴的交点为 $2a$，椭圆垂直于 X 轴的切线距离为 $2b$。相位差 φ，计算公式为：

$$\varphi=\arcsin\frac{b}{a}$$

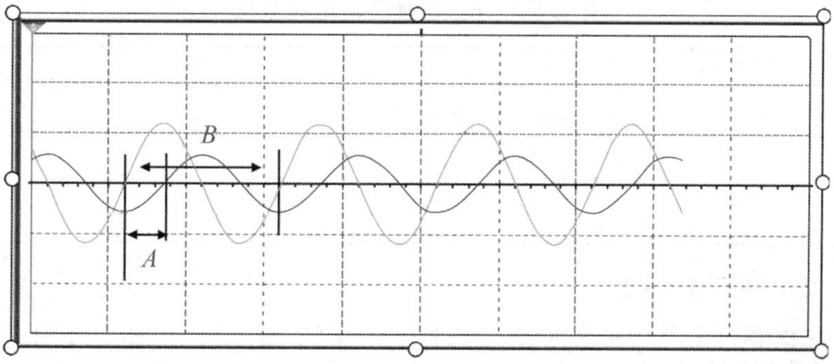

(a) Y-T 模式

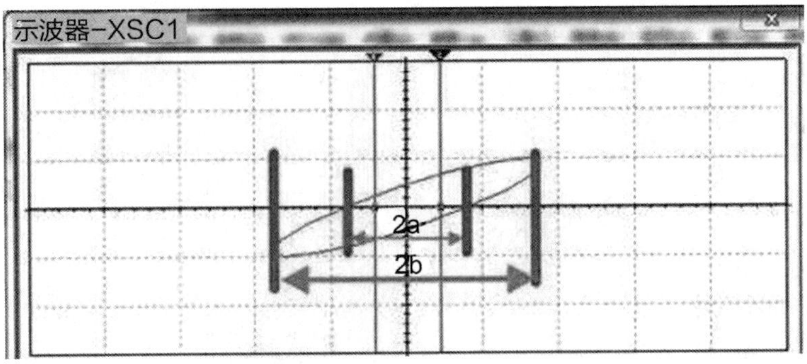

(b)A/B 模式

图 4.6-4　R 串联仿真波形图

4.6.3　实验任务

(1)电感元件交流参数的测量

建立图 4.6-1 的 RL 串联仿真电路，进行仿真。记录交流电压表和电流表上的读数(即交流电压有效值 U_Z 和电流有效值 I_Z)于表 4.6-1 中。

观察示波器显示的波形，记录并计算相位差。

表 4.6-1　RL 串联仿真电路数据

	U/V	I/A	Z/Ω	电感、电压波形与电流波形的相位差
理论计算值				
仿真测量值				

(2)电容元件交流参数的测量

建立图 4.6-2 的 RC 串联仿真电路，进行仿真。记录交流电压表和电流表上的读数(即交流电压有效值 U_Z 和电流有效值 I_Z)于表 4.6-2 中。

观察示波器显示的波形，记录并计算相位差。

表 4.6-2　RC 串联仿真电路数据

	U/V	I/A	Z/Ω	电容、电压波形与电流波形的相位差
理论计算值				
仿真测量值				

(3)RLC 交流参数的测量

建立图 4.6-3 的 RLC 串联仿真电路，进行仿真。记录交流电压表和电流表上的读数(即交流电压有效值 U_Z 和电流有效值 I_Z)于表 4.6-3 中。

观察示波器显示的波形，记录并计算相位差。

表 4.6-3　RLC 串联仿真电路数据

	U/V	I/A	Z/Ω	电感、电容、电压波形与电流波形的相位差
理论计算值				
仿真测量值				

4.6.4　注意事项

(1)Multisim 14 中示波器 A、B 通道的连线要正确，明确测量的对象。

(2)相位差测量两种方法应用中需要正确使用公式。

4.6.5　实验报告要求

(1)用交流电压有效值 U_Z 和电流有效值 I_Z 计算各电路的阻抗大小、感抗、容抗并进行验证。

(2)实践相位差测量的两种方法，并与计算值进行对比，分析误差。

(3)回答思考题。

4.6.6　思考题

(1)图 4.6-3RLC 串联电路中，分析示波器 A、B 通道波形的关系及对整个电路性质的影响。

(2)RLC 串联电路性质如何判定，你能提出几种方法？

4.7 三相电路电压、电流、功率的分析

4.7.1 实验目的

(1)学习用 Multisim 14 搭建三相电路星形和三角形连接。

(2)通过软件验证对称负载做星形和三角形连接时,负载的线电压 U_L 和相电压 U_P、负载的线电流 I_L 和相电流 I_P 间的关系。

(3)了解不对称负载做星形连接时中线的作用。

(4)学习用三瓦特计法和二瓦特计法测量三相电路功率。

4.7.2 实验原理

(1)三相电路电压电流关系

三相电路是一种由三相电源和三相负载组成的、特殊的正弦电路,广泛应用于发电、供电和输配电等电力系统中。其中,三相电源由三个频率相同、振幅相同、初相位互差 120°的正弦电压源构成,通常有 Y 形(星形)和△形(三角形)两种接法,如图 4.7-1 和图 4.7-2 所示。3 个电压依次为 A 相、B 相和 C 相,其瞬时值和相量分别满足 $u_A+u_B+u_C=0$ 或 $\dot{U}_A+\dot{U}_B+\dot{U}_C=0$。

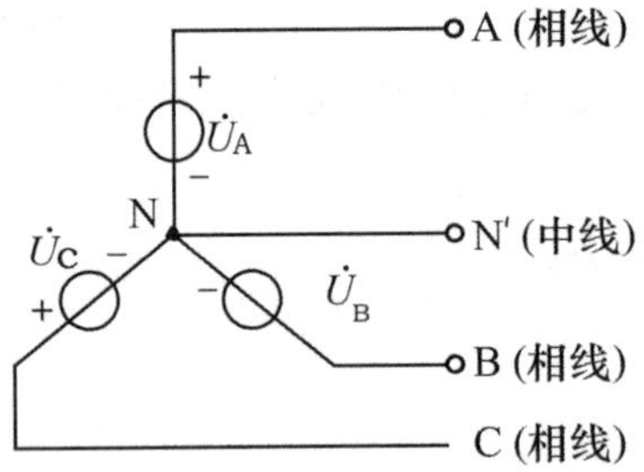

图 4.7-1 三相电源星形连接

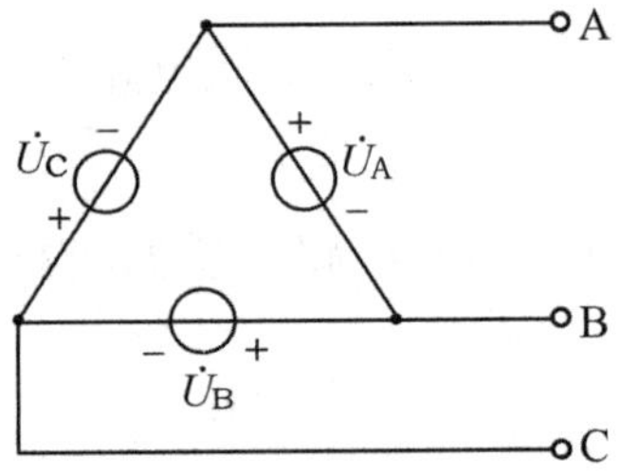

图 4.7-2 三相电源三角形连接

其中,相电压为相线对中线间的电压:$\dot{U}_A$、$\dot{U}_B$、$\dot{U}_C$;线电压为相线间的电压:$\dot{U}_{AB}$、$\dot{U}_{BC}$、$\dot{U}_{CA}$;相电流为各相电压源中的电流;线电流为相线中的电流。理论分析已证明,在 Y 形(星形)接法中,线电流等于相电流,线电压等于$\sqrt{3}$倍的相电压,且线电压超前相电压 30°;在△形(三角形)接法中,线电压等于相电压,线电流等于$\sqrt{3}$倍的相电流,且线电流滞后相电流 30°。三相负载是将三组普通的负载 Z_A、Z_B、Z_C。按 Y 形(星形)或△形(三角形)连接的负载,当 $Z_A=Z_B=Z_C$ 时,称之为三相平衡或对称负载,否则为非平衡或不对称负载。

三相电路是由三相电源和三相负载组成的电路,共有 4 种接法:Y-Y(电源 Y 接、负载 Y 接)、Y-△、△-Y、△-△。当电源和负载均为对称时,被称为对称三相电路;否则为不对称三相电路。由于三相电路是正弦电路的一种特殊类型,所以,正弦交流电路的分析方法对三相电路也完全适合。当电路对称时,可先抽取三相电路中的一相,算出一相的相电流、相电压、线电流和线电压,然后利用电路的对称性和相线电压电流间的关系推出其他两相的对应结果。但当电路不对称时,就只能按一般分析方法计算了 。

(2)三相电路的功率

对称的三相电路,不论是星形连接还是三角形连接,三相总功率为:

$$P=3P_P=3U_PI_P\cos\varphi=\sqrt{3}U_LI_L\cos\varphi$$

在三相四线制中,三相负载对称时,可用一个功率表测量出任一相的功率 P_P,总功率为 $P=3P_P$。当三相负载不对称时,可分别测出各相功率 P_A、P_B、P_C,总功率为 $P=P_A+P_B+P_C$。

三相有功功率的测量方法有三瓦特计法和二瓦特计法两种。三瓦特计法,通常用于三相四线制,该方法是用三个瓦特计分别测量出各相消耗的有功功率,其接线如图 4.7-3 所示。三个瓦特计所测功率的总和,就是三相负载消耗的总功率。

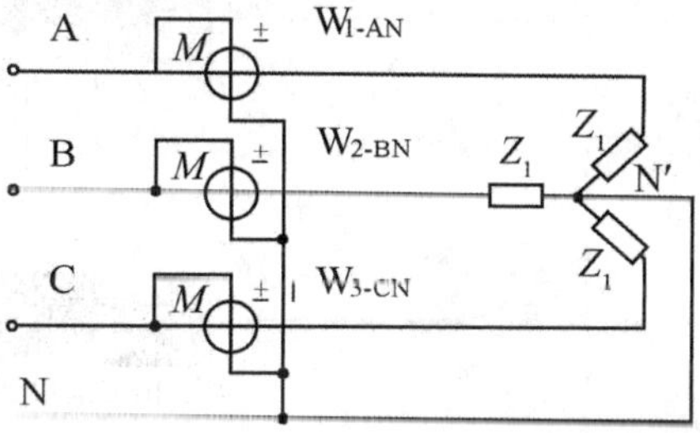

图 4.7-3　三瓦特法测三相电路功率

二瓦特计法通常用于测量三相三线制负载功率,其接线如图 4.7-4 所示。不论负载对称与否,两个瓦特计的读数分别为 $W_{1\text{-}1N}$ 和 $W_{2\text{-}2N}$。

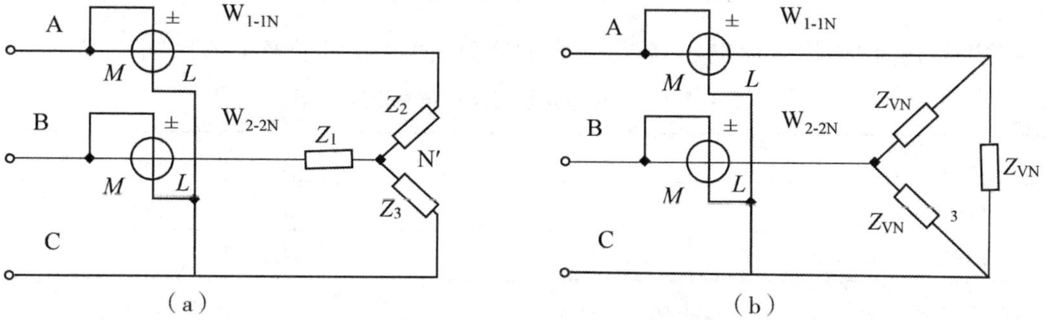

图 4.7-4　二瓦特法测三相电路功率

(a)测星形连接功率;(b)测三角形连接功率

三相总功率为两个瓦特计读数的代数和。当 $\varphi<60°$时，两个表读数均为正值，总功率为两个瓦特计读数之和；当 $\varphi>60°$时，其中一个表读数为负值，总功率为两个瓦特计读数之差。

本实验负载为白炽灯泡，接近纯电阻性负载，$\varphi=60°$，故两个瓦特计读数为正值，三相总功率为两个瓦特计读数之和。

$$W_{1\text{-AN}}=I_A U_{AN}\cos(\varphi-30°)=I_L U_L\cos(\varphi-30°)$$

$$W_{2\text{-BN}}=I_B U_{BN}\cos(\varphi+30°)=I_L U_L\cos(\varphi+30°)$$

4.7.3　实验任务

(1)三相负载星形连接的仿真电路

① 搭建图 4.7-5 所示的三相负载星形连接的线电压、相电压、线电流仿真电路。

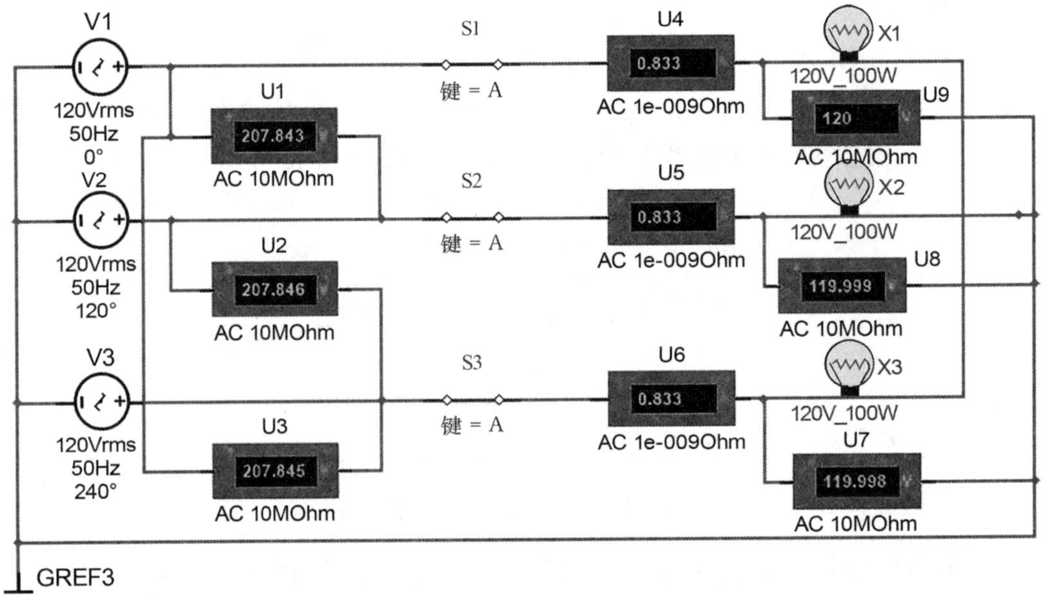

图 4.7-5　对称三相负载星形连接仿真电路

②进行仿真，根据交流电压表、电流表的读数，记录数据于表 4.7-1 中。

表 4.7-1　三相电路星形连接仿真电路数据

	U_{AB}/V	U_{BC}/V	U_{CA}/V	U_P/V	I_P/A
理论计算值					
仿真测量值					

(2)三相负载三角形连接的仿真电路

① 搭建图 4.7-6 所示的三相负载三角形连接的仿真电路。

②进行仿真，根据交流电压表、电流表的读数，记录数据于表 4.7-2 中。

表 4.7-2　三相电路三角形连接仿真电路数据

	I_A/A	I_B/A	I_C/A	I_{AB}/A	I_{BC}/A	I_{CA}/A
理论计算值						
仿真测量值						

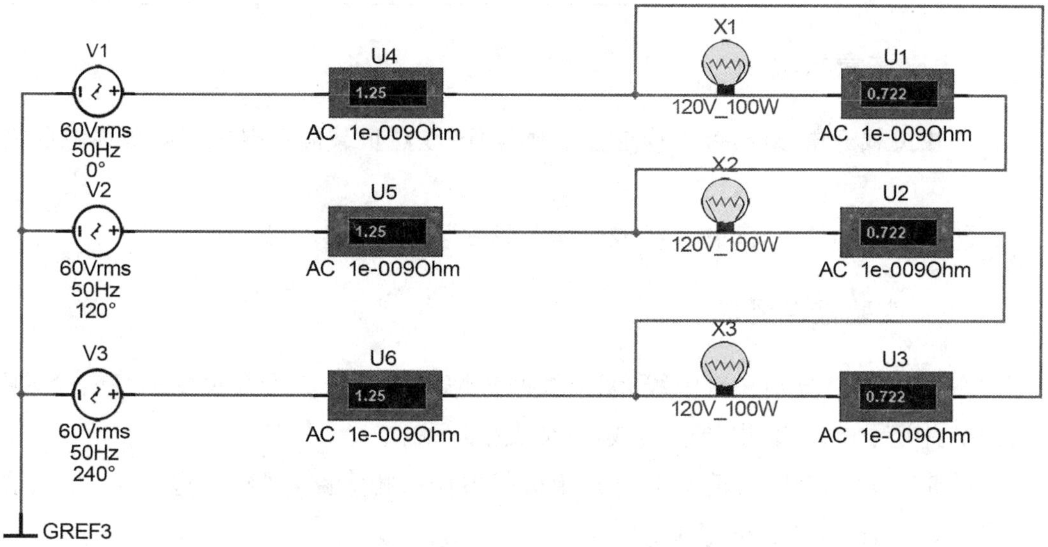

图 4.7-6　对称三相负载三角形连接星形连接仿真电路

(3)三相负载不对称时电压、电流测量的仿真电路

① 搭建图 4.7-7 所示的不对称三相负载星形连接的仿真电路。

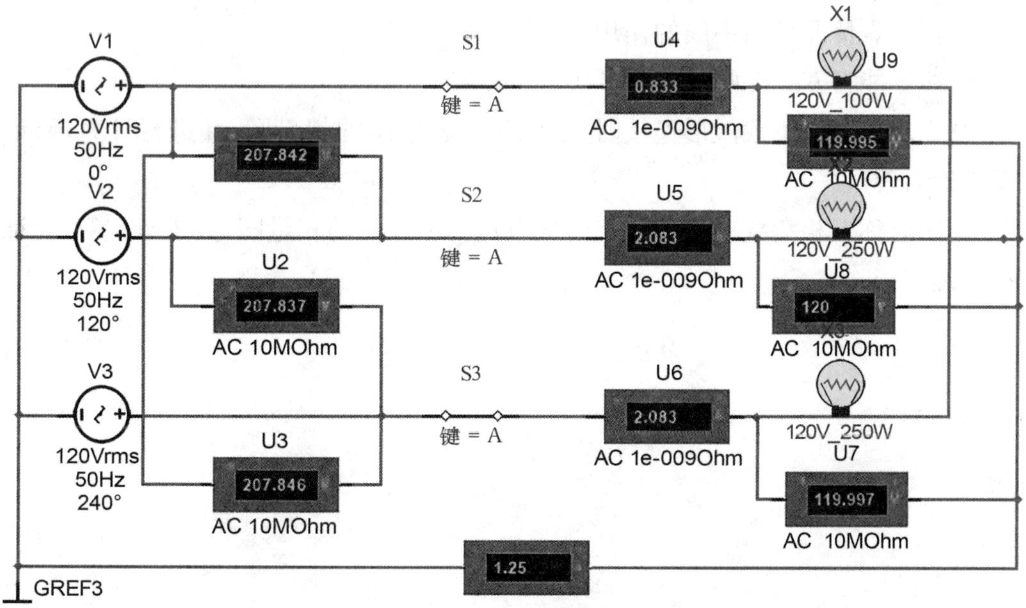

图 4.7-7　不对称三相负载星形连接仿真电路

②进行仿真，根据交流电压表、电流表的读数，记录数据于表 4.7-3 中。

表 4.7-3 三相负载不对称时电流仿真电路数据

	I_A/A	I_B/A	I_C/A	$I_{NN'}$/A	U_A/V	U_B/V	U_C/V
理论计算值							
仿真测量值							

4.7.4 注意事项

(1)三相负载三角形连接时，应注意正确操作；注意负载额定电压与电源线电压之间的关系。

(2)注意开关的位置，防止开关或者熔断丝安装到中线上。

4.7.5 实验报告要求

(1)图 4.7-5 中，分别在有中线、无中线两种情况下断开 3 个开关中的任一个，观察灯泡变化，并记录电压表、电流表读数，自拟表格记录。

(2)图 4.7-5 中，无中线情况下将 3 相负载中任一相短路，观察灯泡变化，并记录电压表、电流表读数，自拟表格记录。

(3)回答思考题。

4.7.6 思考题

(1)根据仿真情况总结中线的作用。

(2)中线上能否安装保险丝或者开关?

(3)画出对称三相负载星形连接时，线电压与相电压的相量图，并进行计算，验证仿真数据正确与否。

(4)画出对称三相负载三角形连接时线电流与相电流的相量图，并进行计算，验证仿真数据正确与否。

4.8　三极管放大电路的分析

4.8.1　实验目的

(1)了解三极管放大电路的放大作用。

(2)掌握单管共发射极放大电路静态工作点的测试方法。

(3)掌握单管共发射极放大电路动态性能指标的测试方法。

4.8.2　实验原理

如图 4.8-1 所示是能稳定静态工作点的共发射极放大电路,称为分压式偏置放大电路,其中 R_{B1} 和 R_{B2} 构成偏置电路,这种电路可以根据温度的变化自动调节基极电流 I_B,以削弱温度对集电极电流 I_C 的影响,使静态工作点基本稳定。

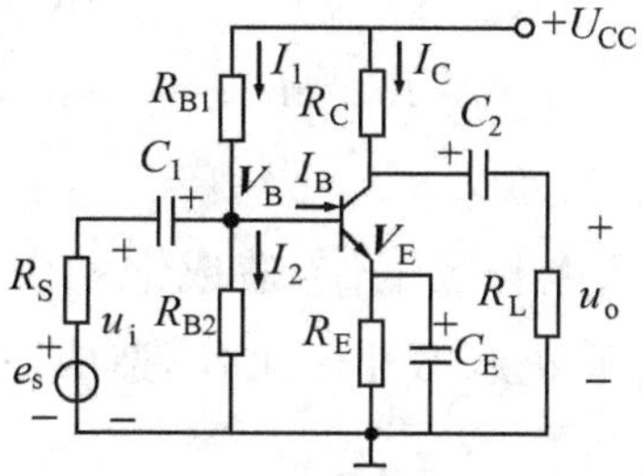

图 4.8-1　共发射极放大电路

(1)单管共发射极放大电路的静态工作点(图 4.8-2)

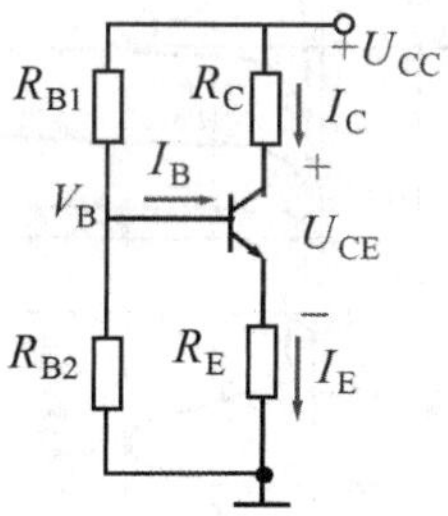

图 4.8-2　直流通路

基极电位:
$$V_B \approx \frac{R_{B2}}{R_{B1}+R_{B2}} U_{CC}$$

集电极电流:
$$I_C \approx I_E = \frac{V_B - U_{BE}}{R_E}$$

基极电流： $$I_B=\frac{I_C}{\beta}$$

集电极-发射极电压： $$U_{CE}=U_{CC}-I_CR_C-I_ER_E$$

(2)单管共发射极放大电路的动态性能指标(图 4.8-3)

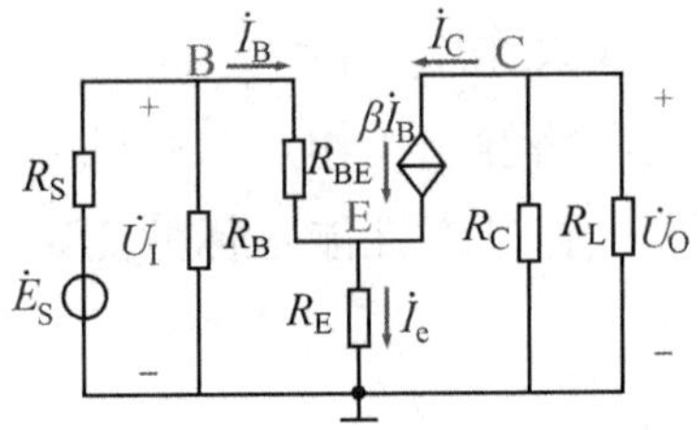

图 4.8-3 微变等效电路

电压放大倍数： $$A_u=-\frac{\beta R_C//R_L}{R_{BE}+(1+\beta)R_E}$$

输入电阻： $$R_I=R_B//[R_{BE}+(1+\beta)R_E]$$

输出电阻： $$R_O=R_C$$

(3)稳定静态工作点(Q 点)的意义

若 Q 设置过高，晶体管进入饱和区工作，造成饱和失真，适当减小基极电流可消除饱和失真；若 Q 设置过低，晶体管进入截止区工作，造成截止失真，适当增加基极电流可消除截止失真。

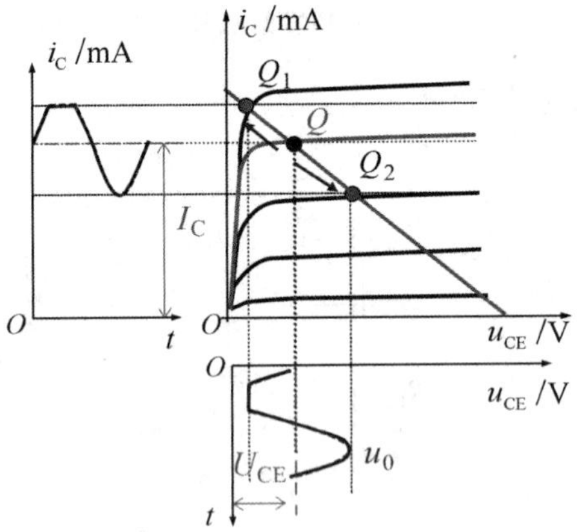

图 4.8-4 饱和失真

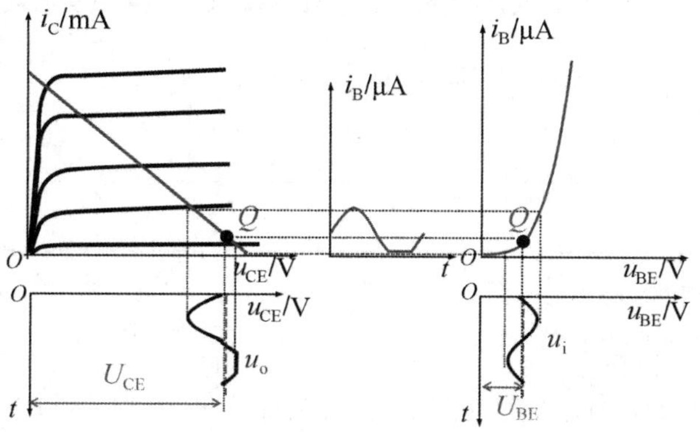

图 4.8-5　截止失真

4.8.3　实验任务

(1)测量静态工作点

实验电路如图 4.8-6 所示，已知 $U_{CC}=12V$，$R_{B1}=5.1k\Omega$，$R_P=100k\Omega$，$R_{B2}=10k\Omega$，$R_E=1.2k\Omega$，$R_C=5.1k\Omega$，$R_L=1k\Omega$，$R_S=10\Omega$，$\beta=50$(选晶体管型号为 2N2712)。接通电源前，注意先将 R_P 调到 50%，信号源输出设置为 0。将实验测得数据记录在表 4.8-1 中。

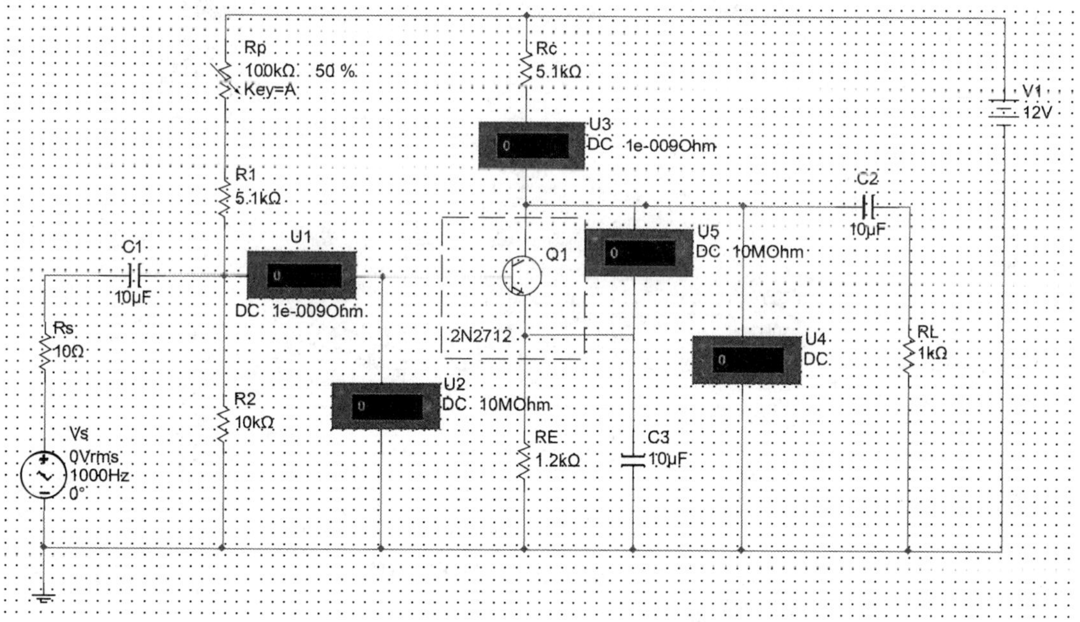

图 4.8-6　静态工作点测试电路

表 4.8-1　单管共发射极放大电路的静态工作点测试实验数据

	I_C/mA	I_E/mA	I_B/mA	U_B/V	U_C/V	U_{CE}/V
理论计算值						
仿真测量值						

(2)测量动态性能指标

①电压放大倍数的测量

实验电路如图 4.8-7 所示，在放大器输入端加入频率为 1kHz 的正弦信号 u_s，调节信号源的输出旋钮使 u_s=10mV，观察放大电路输入电压 U_I 和输出电压 U_O 的有效值，并用示波器观察 U_O 和 U_I 的波形图，把结果记入表 4.8-2 中。

表 4.8-2　单管共发射极放大电路的电压放大倍数测试实验数据

	U_I/mV	U_O/mV	电压放大倍数 A_u	观察记录一组 U_I 和 U_O 的波形
理论计算值				
仿真测量值				

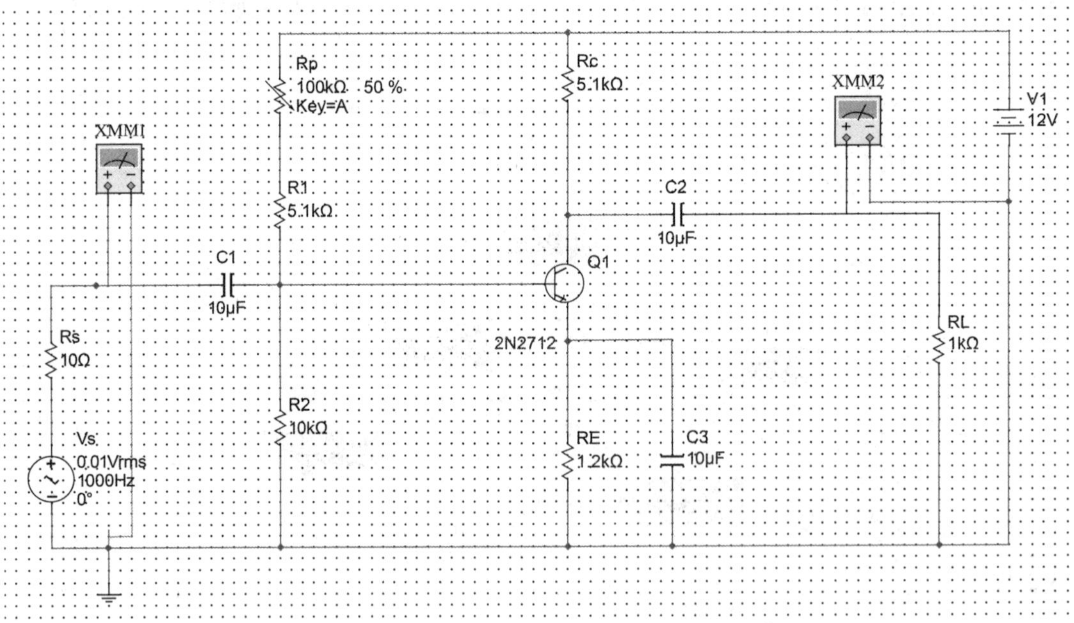

图 4.8-7　电压放大倍数测试电路

②输入电阻和输出电阻的测量

测试电路如图 4.8-8 所示，输入电阻=输入电压/输入电流；输出电阻=(空载电压－负载电压)/负载电流。将实验数据记录于表 4.8-3 中。

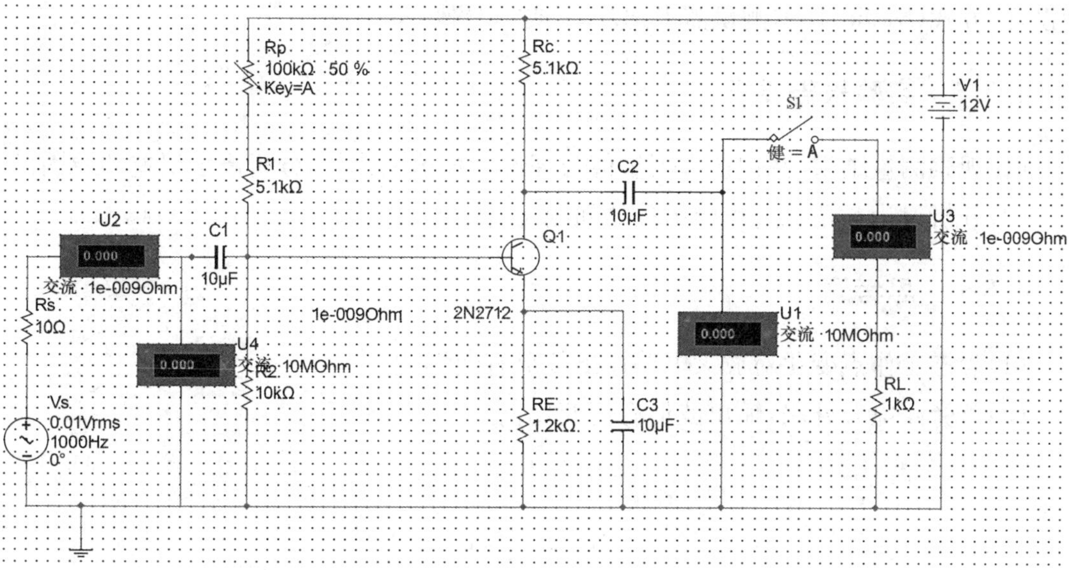

图 4.8-8　输入电阻和输出电阻测试电路

表 4.8-3　单管共发射极放大电路的输入电阻、输出电阻测试实验数据

	输入电阻/kΩ	输出电阻/kΩ
理论计算值		
仿真测量值		

(3)观察静态工作点对输出波形失真的影响

保持输入信号不变，分别增大和减小 R_P，使波形出现失真，绘出 u_O 的波形，并测出失真情况下的 I_C 和 U_{CE} 值，把结果计入表 4.8-4 中。

表 4.8-4　单管共发射极放大电路的输出波形失真测试实验数据

失真情况	I_C/mA	U_{CE}/V	晶体管状态	u_O 波形
饱和失真				
截止失真				

4.8.4　注意事项

(1)晶体管型号及参数的设置方法：在晶体管的实际元器件库中选择型号 2N2712，双击该晶体管→选择“值选项”→点击“模型”按钮→修改晶体管的 β 参数(BF)，设置为 50 即可。

(2)电压和电流参数的测量可选用电压表和电流表，或者万用表，注意对话框内的属性设置，方式(Mode)根据测量需求选“DC”或“AC”。

4.8.5 实验报告要求

(1)观察测量结果，并把仿真测量值与理论计算值相比较，分析产生误差的原因。

(2)分析讨论在调试过程中出现的问题。

4.8.6 思考题

(1)静态工作点变化对放大电路输出波形有何影响？

(2)若旁路电容开路，输出波形有何变化？

4.9　整流滤波稳压电路的分析

4.9.1　实验目的

(1)掌握桥式整流电路的原理,以及输入、输出电压间的数量关系。
(2)掌握桥式整流电容滤波电路的原理,以及输入、输出电压间的数量关系。
(3)掌握三端固定式集成稳压块的性能及其测试方法。

4.9.2　实验原理

直流稳压电源可以由干电池、蓄电池或直流发电机构成,但大部分情况下是采用将工频交流电转换成直流电压的方式构成的。图 4.9-1 是直流稳压电源组成框图。

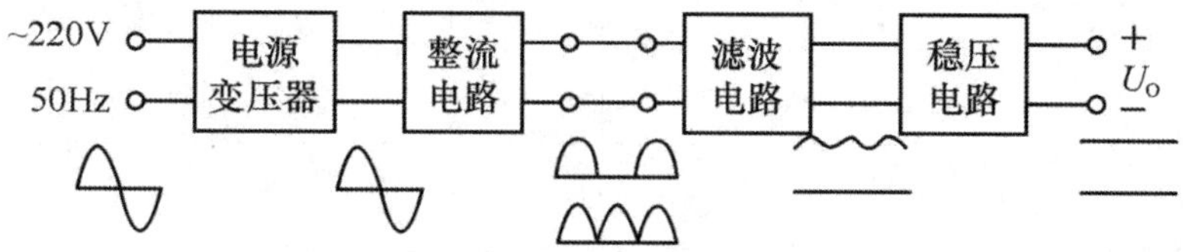

图 4.9-1　直流稳压电源组成框图

其中,电源变压器将电网提供的工频交流电变换成符合要求的交流电压;整流电路则将交流电压变换为单向脉动电压,通常由具有单向导电性的二极管或晶闸管(可控硅)构成整流电路,目前常用的是桥式整流电路;滤波电路可以减小整流电压的脉动程度,通常由电容或电感构成具有低通特性的滤波电路;稳压电路则进一步减小直流电压的脉动程度,并确保在交流电源电压波动或负载变化时,输出的直流电压稳定。稳压电路的种类很多,可由稳压管和放大器组成的电路构成,也可直接采用集成的稳压电路。图 4.9-2 是直流稳压电源实验电路原理图。

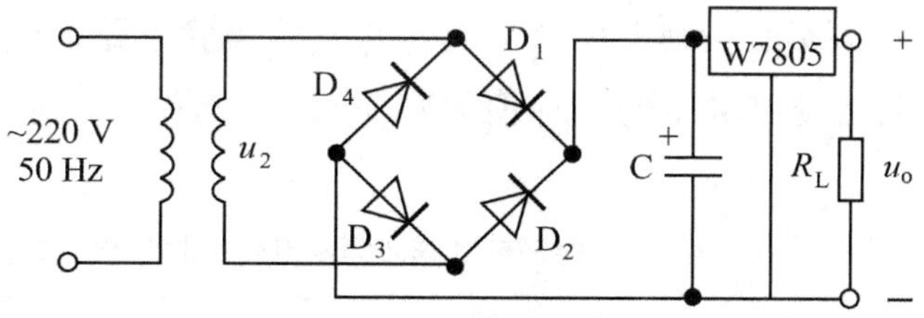

图 4.9-2　实验电路原理图

4.9.3　实验任务

(1)桥式整流电路测试

按图 4.9-3 连接实验电路,开关 S_1 直接接入了负载电阻 R_1,电路为只有变压和桥式整流的实验电路。此时，根据理论计算，桥式整流电路输出电压的平均值为 $U_o=0.9U$（U 为变压器副边电压的有效值）。将实验数据填入表 4.9-1。

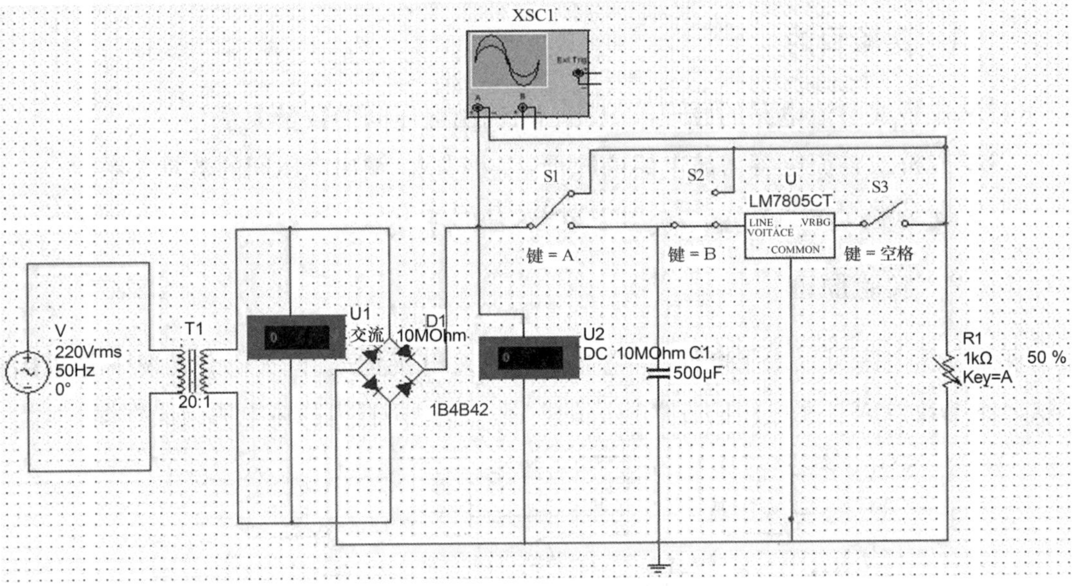

图 4.9-3　桥式整流测试电路

表 4.9-1　桥式整流测试电路实验数据

	U_1/V	U_2/V	U_L 波形
$R_1=500\Omega$			
$R_1=0\Omega$			

(2)桥式整流电容滤波电路测试

在图 4.9-4 所示的实验电路中，开关 S_1 接入了滤波电容 C，开关 S_2 接入了负载电阻 R_1。电路为在变压和整流的基础上加上了电容滤波的实验电路。此时，根据理论计算，桥式整流电容滤波电路输出电压的平均值为 $U_O\approx1.2U$（U 为变压器副边电压的有效值）。将实验数据填入表 4.9-2。

表 4.9-2　桥式整流电容滤波测试电路实验数据

	U_1/V	U_2/V	U_L 波形
$R_1=150\Omega$			
$R_1=500\Omega$			

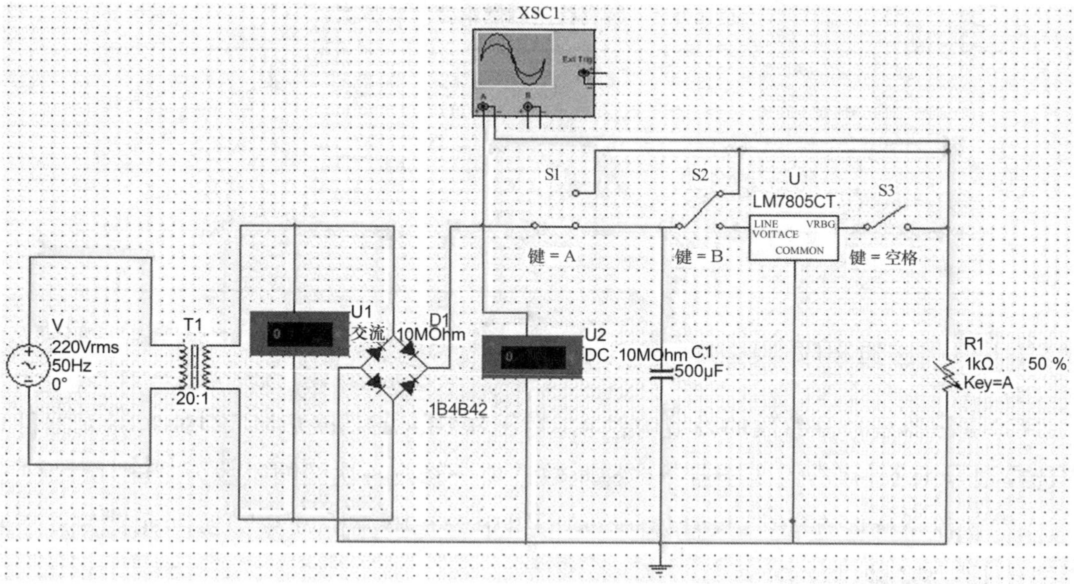

图 4.9-4　桥式整流电容滤波测试电路

(3)集成稳压电路测试

在图 4.9-5 所示的实验电路中，开关 S_2 与集成稳压器 LM7805CT 连接，开关 S_3 闭合，将负载连接在稳压电路的输出端，电路包含了变压、整流、滤波和稳压 4 个环节，是完整的直流稳压电源电路。将实验数据填入表 4.9-3。其中，LM7805CT 为输出 +5 V 直流电压的三端集成稳压器，具有体积小、可靠性高、使用灵活、价格低廉等优点，在小功率直流电源中得到了广泛应用。

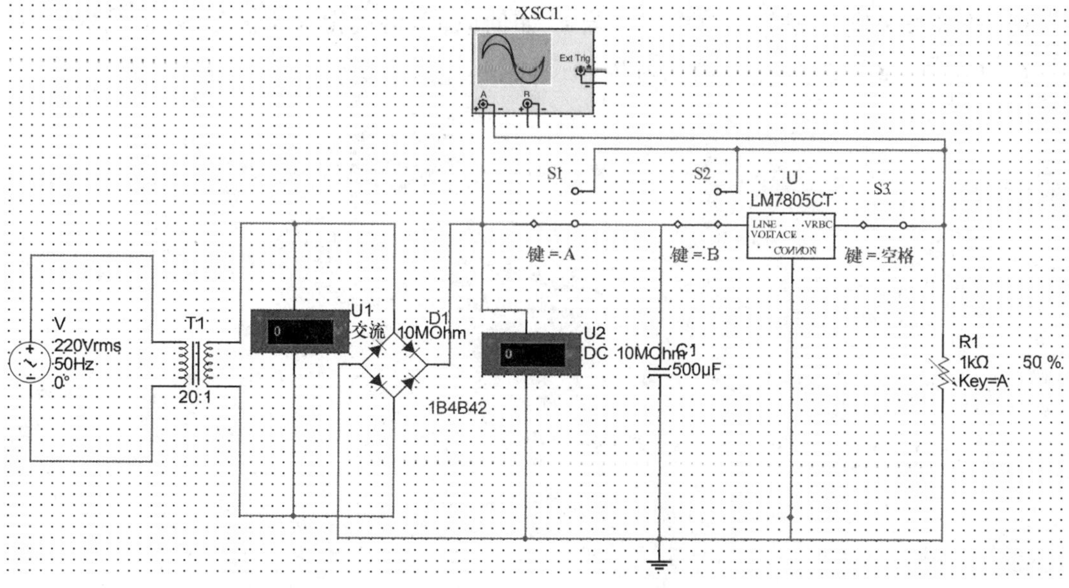

图 4.9-5　集成稳压测试电路

表 4.9-3 集成稳压测试电路实验数据

	U_1/V	U_2/V	U_L 波形
$R_1=0\Omega$			
$R_1=500\Omega$			
$R_1=\infty\Omega$			

4.9.4 注意事项

(1)变压器型号及参数的设置方法:在变压器(TRANSFORMER)的实际元器件库中选择型号 1p1s,双击该变压器→选择匝数选项→修改一次线圈匝数为 20 即可。

(2)整流桥选取方法:二极管(Diodes)的组中→在整流桥(FWB)实际元器件库中选择型号 1B4B42 即可。

4.9.5 实验报告要求

(1)总结桥式整流电路、桥式整流电容滤波电路及集成稳压电路的特点。

(2) 观察测量结果,并把仿真测量值与理论计算值相比较,分析产生误差的原因。

(3) 分析讨论在调试过程中出现的问题。

4.9.6 思考题

(1)桥式整流电容滤波电路中,R_1 与 C 如何取值,可使得输出波形较为平滑?

(2)LM7805CT 器件在使用的过程中,有哪些注意事项?